软件技术系列丛书

U0169383

# 网页设计与制作

## ——理实一体化教程

主　编　曹小平　周礼萍

副主编　罗　娜　高明伟

参　编　罗　强　张书波　李宗伟

　　　　龙　熠　陈　印

西南交通大学出版社

·成　都·

## 内容简介

本书结合最新的 HTML5 和 CSS3 网页设计技术,采用项目引导、任务驱动的编写方式,由浅入深、循序渐进、全面系统地介绍了 HTML5 和 CSS3 静态网页设计的方法和工具以及详细操作步骤。

全书分为 8 个项目,主要内容包括网页基础、网站策划、网页框架、网页文本修饰与段落修饰、图像处理与网页排版、超链接与网页跳转、列表与表格、媒体与表单。各个项目针对性强,各任务贴近实际。

本书可作为高职高专院校相关专业网页设计教材,也可作为 Web 前端开发人员、网页设计初学者、网站建设人员的参考用书。

**图书在版编目(ＣＩＰ)数据**

网页设计与制作:理实一体化教程 / 曹小平,周礼萍主编. —成都:西南交通大学出版社,2020.8
ISBN 978-7-5643-7604-8

Ⅰ. ①网… Ⅱ. ①曹… ②周… Ⅲ. ①网页制作工具 – 高等职业教育 – 教材 Ⅳ. ①TP393.092.2

中国版本图书馆 CIP 数据核字(2020)第 165192 号

Wangye Sheji yu Zhizuo

**网页设计与制作**
——理实一体化教程

主编　曹小平　周礼萍

| | |
|---|---|
| 责任编辑 | 李华宇 |
| 封面设计 | 墨创文化 |

| | |
|---|---|
| 出版发行 | 西南交通大学出版社 |
| | (四川省成都市金牛区二环路北一段 111 号 |
| | 西南交通大学创新大厦 21 楼) |
| 邮政编码 | 610031 |
| 发行部电话 | 028-87600564　028-87600533 |
| 网址 | http://www.xnjdcbs.com |
| 印刷 | 成都中永印务有限责任公司 |

| | |
|---|---|
| 成品尺寸 | 185 mm×260 mm |
| 印张 | 12.5 |
| 字数 | 312 千 |
| 版次 | 2020 年 8 月第 1 版 |
| 印次 | 2020 年 8 月第 1 次 |
| 定价 | 39.80 元 |
| 书号 | ISBN 978-7-5643-7604-8 |

课件咨询电话:028-81435775
图书如有印装质量问题　本社负责退换
版权所有　盗版必究　举报电话:028-87600562

# 前　言

随着 Web 前端开发技术的迅猛发展，标准化的设计方式正逐渐取代传统的布局方式，HTML5 和 CSS3 是 HTML 和 CSS 的最新版本。本书根据计算机相关专业人才培养的需要，按照高职院校对学生网页设计与制作的相关要求，以项目和任务为载体，以"实用、好用、够用"为原则编写而成。全书共包括 8 个项目，35 个任务，具有内容知识连贯、逻辑严密、实例丰富、可操作性强等特点。各个项目都注重实战，贴近实际，具有很强的实用性，由浅入深地展示了 HTML5 与 CSS3 的基础特性。同时本书把大国工匠精神和抗疫英雄事迹生动地融入课程案例中，推进课程思政与思政课程共同发力，运用素材中工匠人物、抗疫英雄们的家国情怀、奉献精神、人文精神等思政元素，为教学加入思政之"料"，为学生送上精神大餐。

本书由重庆科创职业学院曹小平、周礼萍担任主编，并与四川职业技术学院陈印，重庆科创职业学院罗强、张书波、李宗伟、龙熠共同负责全书大纲的制定以及全书内容的审稿工作，重庆科创职业学院高明伟负责校对、排版、素材收集整理等工作。具体项目编写分工为：曹小平负责编写项目一、项目二、项目三；周礼萍负责编写项目四、项目五、项目六、项目七；重庆科创职业学院罗娜编写项目八。

本书的编写参考了近年来相关的技术资料、网络资源，吸收了部分专家和同行们的宝贵经验，更多的是编者多年从事网页设计的经验和感受的总结，在此对全体人员表示感谢。

由于编者经验和学识有限，编写时间较为仓促，书中难免会有疏漏与不妥之处，敬请广大读者批评指正，可以通过电子邮件与我们取得联系（邮箱地址：1324872446@qq.com）。

本书建议教学学时为 64 学时。

匠心工作室

2020 年 6 月

# 目　录

# 项目一　网页基础

【项目简介】

网络技术飞速发展的今天，网页已经无所不在。不论个人还是企业，不论商业还是娱乐，借助网页介绍自己的产品信息，通过网络在网页上查看商品甚至购买，都已经成为一种时尚。网页和网站成为当今不可缺少的展示和获取信息的来源。那么，网页是什么？网页包含哪些知识？网页的技术支持有哪些？本项目将对相关内容作概要介绍，主要包括网页的基本术语、网页中的基本元素、网页设计的基本方法和工具等。

【学习目标】

（1）了解什么是网站和网页。
（2）了解什么是静态网页和动态网页。
（3）掌握创建网页的基本方法。
（4）掌握发布网站的基本方法。

# 任务一 认识网站与网页

## 【任务描述】

随着互联网时代的到来，网络已经完全融入人们的生活中。在网络中，企业和个人通常会使用网站展示自己。精美的网页设计，对提升企业和个人形象至关重要。越来越多的个人和企业开始制作网站，各式各样的网站如雨后春笋般出现在互联网上。但是要制作一个优秀的网站并非易事，首先进行网页的设计，然后进行网站的制作，所以了解和掌握一些网站设计的基础知识和概念是必需的。

## 【实施说明】

本任务赏析个人网站、企业官网等网站主页，掌握网页设计的基本知识。本任务主要内容包括网页、网站、主页的概念，网页常用术语，常用网页设计软件，HTML 标记语言等。通过本任务学习，读者可掌握网页设计的基础知识。

## 【实现步骤】

### 一、网页的概念

网页（Webpage）是一个用来存放各种多媒体信息的文件，是网站中的一"页"，它存放在某一台与互联网相连接的计算机中。它是一个纯文本文件，是向访问者传递信息的载体。它以超文本和超媒体为技术基础，采用 HTML、CSS 等语言来描述组成页面的各种元素，包括文字、图像、音乐等，并通过客户端浏览器进行解析，从而向浏览者呈现网页的各种内容。网页如图 1-1-1 所示。

图 1-1-1　网页示例

## 二、网站的概念

网站（Website）是指在互联网上，根据一定的规则，使用 HTML 等工具制作用于展示特定内容的相关网页集合。将具有相互关系的多个网页链接成一个有机整体，就组成一个网站。网站的首页不仅是网站门户，也是引导浏览者浏览网站详细信息的向导，网站和网页的关系如图 1-1-2 所示。

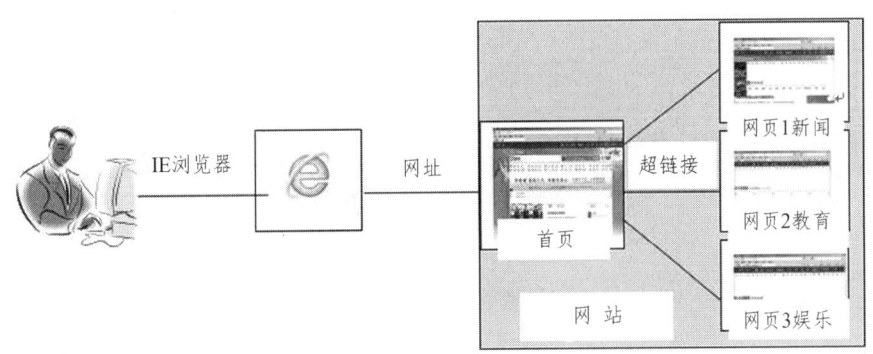

图 1-1-2　网站和网页的关系

网站按照内容可以分为门户网站、个人网站、专业网站、职能网站等几类。

（1）门户网站：通常是指涉及领域较为广泛的综合性网站，如百度、新浪、网易等。百度门户网站示例如图 1-1-3 所示。

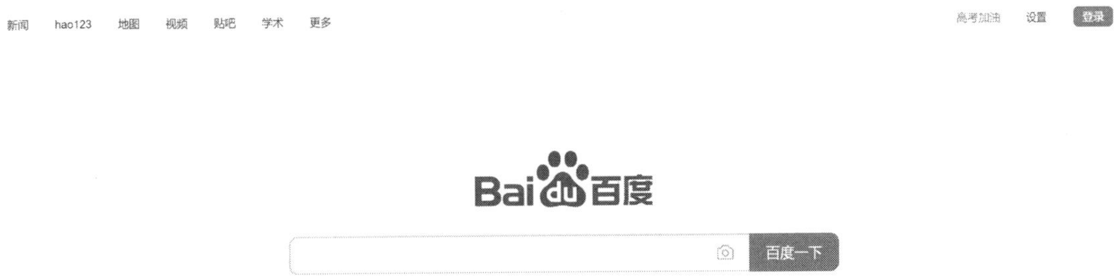

新闻　hao123　地图　视频　贴吧　学术　更多　　　　　　　　　　　　　　　　高考加油　设置　登录

Baidu百度

百度一下

图 1-1-3　百度门户网站

（2）个人网站：通常是指一些由个人开发制作的网站，这类网站在内容和形式上具有较强的个性，主要用于宣传自己或展示个人兴趣爱好等。个人网站示例如图 1-1-4 所示。

图 1-1-4 个人网站

（3）专业网站：是指专门以某个主题为内容的网站，通常这类网站都以某一个题材作为网站内容。专业网站示例如图 1-1-5 所示。

图 1-1-5 专业网站

（4）职能网站：通常指一些公司为其产品进行介绍或对其所提供服务进行说明而建立的网站。职能网站示例如图 1-1-6 所示。

图 1-1-6　职能网站

## 三、网页的构成元素

网页主要由文本、图像、动画、表格、声音和视频等基本元素构成。下面分别对这些元素进行介绍。

### 1. 文　本

文本是网页上最重要的信息载体与交流工具,网页中的主要信息一般都以文本形式为主。与图像网页元素相比,文字虽然并不如图像那样容易被浏览者注意,但是却包含更多的信息,并更能准确地表达信息的内容和含义。网页文本内容示例如图 1-1-7 所示。

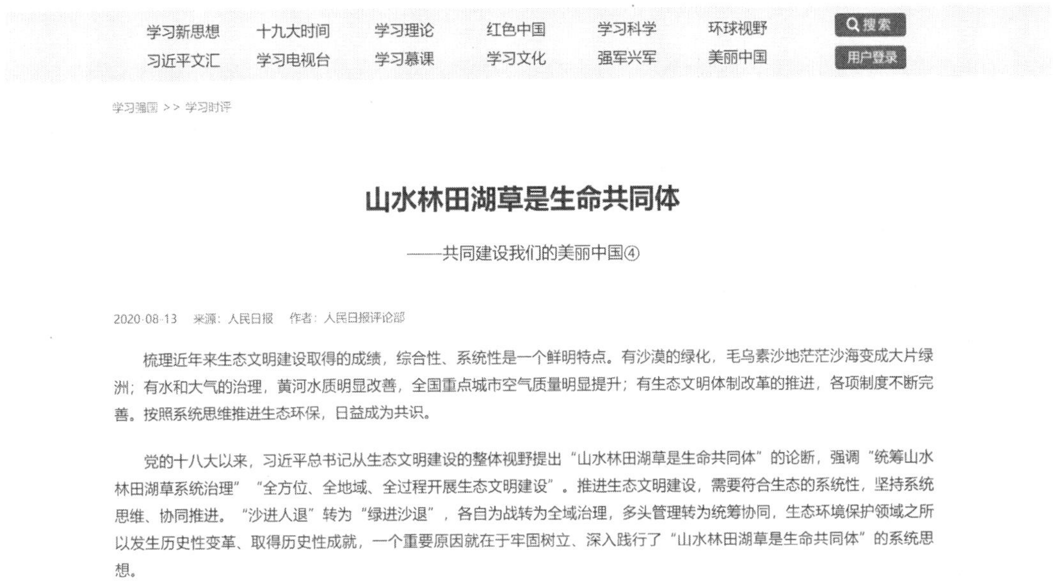

| 学习新思想 | 十九大时间 | 学习理论 | 红色中国 | 学习科学 | 环球视野 | Q搜索 |
| 习近平文汇 | 学习电视台 | 学习慕课 | 学习文化 | 强军兴军 | 美丽中国 | 用户登录 |

学习强国 >> 学习时评

## 山水林田湖草是生命共同体

——共同建设我们的美丽中国④

2020-08-13　来源: 人民日报　作者: 人民日报评论部

　　梳理近年来生态文明建设取得的成绩,综合性、系统性是一个鲜明特点。有沙漠的绿化,毛乌素沙地茫茫沙海变成大片绿洲;有水和大气的治理,黄河水质明显改善,全国重点城市空气质量明显提升;有生态文明体制改革的推进,各项制度不断完善。按照系统思维推进生态环保,日益成为共识。

　　党的十八大以来,习近平总书记从生态文明建设的整体视野提出"山水林田湖草是生命共同体"的论断,强调"统筹山水林田湖草系统治理""全方位、全地域、全过程开展生态文明建设"。推进生态文明建设,需要符合生态的系统性,坚持系统思维、协同推进。"沙进人退"转为"绿进沙退",各自为战转为全域治理,多头管理转为统筹协同,生态环境保护领域之所以发生历史性变革、取得历史性成就,一个重要原因就在于牢固树立、深入践行了"山水林田湖草是生命共同体"的系统思想。

图 1-1-7　网页文本

## 2. 图　像

相对文本来说，图像丰富的色彩和图案可以带给人们强烈的视觉冲击，表达信息的方式更直观形象，可以使人们更容易接受网页中的内容和思想。网页中使用 gif、jpeg 和 png 等多种文件格式的图像。目前应用最广泛的图像文件格式是 gif 和 jpeg 两种。一个包含图像的网页示例如图 1-1-8 所示。

### 钟南山：八十四岁的抗疫逆行者

2020-04-20　来源：科技日报　作者：陈瑜

▲ 图片来源：科技日报 绘制：陆越（实习生）

1月18日，星期六，84岁的中国工程院院士钟南山接到赶往武汉的紧急通知。时值春节前夕，忙碌了一年的人们陆续踏上回家的路。当天去武汉的航班已无机票，火车票也非常紧张。颇费周折，钟南山才挤上了傍晚5点多从广州南开往武汉的高铁。走得非常匆忙，他甚至没有准备羽绒服，只穿了一件咖啡色格子西装。

图 1-1-8　网页图像

## 3. Flash 动画

Flash 动画的加入使得网页富有动感，不再死气沉沉，其带来的视觉冲击力是文本和静态图片难以比拟的。含有 Flash 动画的网页示例如图 1-1-9 所示。

图 1-1-9　网页中包含的 Flash 动画

### 4. 表　格

一个让人感觉舒服的网页，除了精彩的内容和协调的色彩，还有一个关键因素就是合理的排版布局。表格的作用主要有两个：一是使用行和列的形式布局文本和图像以及其他列表化数据；另一个是精确控制网页中各种元素的显示位置。通常表格的边框都被设置为 0，因为这样才能在网页中隐藏边框线，使得网页看起来更加美观。一个由表格进行排版和布局的网页示例如图 1-1-10 所示。

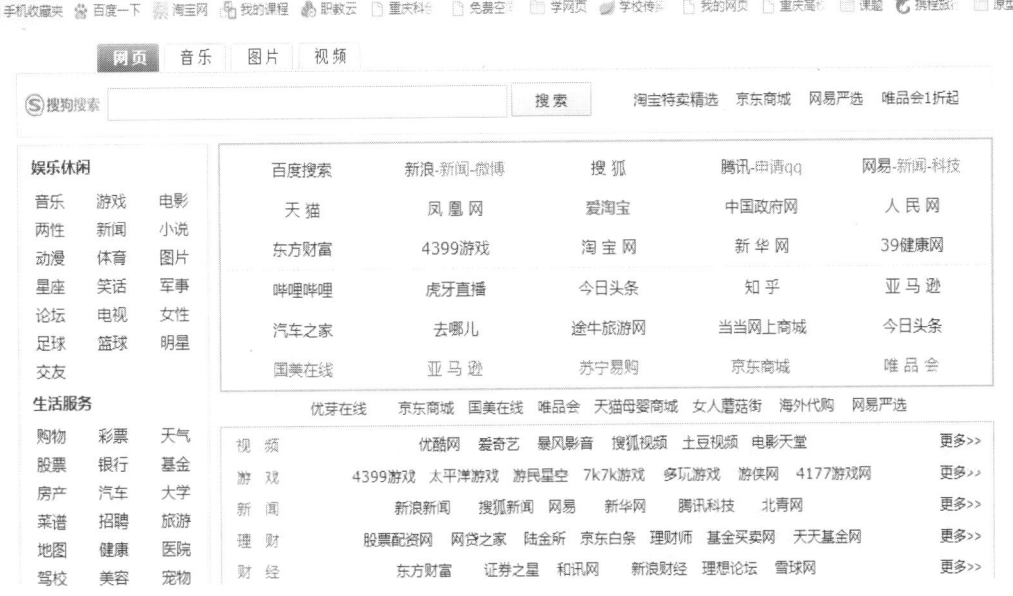

图 1-1-10　由表格排版的网页

### 5. 声音和视频

声音和视频是网页的一个重要组成部分。尤其是多媒体网页，更是离不开声音和视频。用户在为网页添加声音效果时要充分考虑其格式、文件大小、品质和用途等因素。另外，不同的浏览器对声音文件的处理方法也有所不同，彼此之间有可能并不兼容。采用视频文件能使网页效果更加精彩，且富有动感。常见的视频文件格式包括 midi、wav、aiff、au、mp3 等。

## 四、网页中的常用术语

在网页制作中，经常会遇到一些网页中的专用名词，如域名、URL、超链接、导航条、表单、发布等。只有了解这些专用名词的含义和用途，才能在制作网页时得心应手，使制作出的网页更加专业。下面分别介绍这些专用名词的含义。

### 1. 域　名

所谓域名，其实就是网站在互联网上的一个"名字"，就像每个人都有自己的名字一样，网站的域名在互联网上是唯一的。例如：百度门户网站的域名为：www.baidu.com，整个域名被两个小圆点分成了三部分，其各个部分代表的含义如下：

（1）WWW（World Wide Web）：中文名字为"万维网""环球网"等，常简称为 Web。它是基于 Internet 的一种信息服务，用于检索和阅读连接到 Internet 服务器上的有关内容。

（2）baidu：指网站的名称，此名称是唯一的。

（3）com：用于说明网站的性质，不同的字符代表不同的含义，常用的有 com（商业机构）、net（网络服务机构）、org（非营利性组织）和 gov（政府机构）等。

### 2. URL

URL（Uniform Resource Locator），译为"统一资源定位符"。其最常见的表现形式为 http:// 和 ftp://，主要用于区分用户所访问的资源是使用哪种协议进行传输和显示的。

### 3. 超链接

超链接用于在互联网上链接两个不同的网页，使用它可以轻松实现网页间的跳转，故而被广泛应用在网页制作中。

### 4. 导航条

导航条就是一个网站的目录。在一本厚厚的书籍中，若要快速定位至需要的内容，可以通过查看目录来获得相关内容的页码。同样，在一个信息繁多的网站中，可以通过导航条来快速定位需要查看的内容。网站上的一个导航条示例如图 1-1-11 所示。

图 1-1-11　导航条

### 5. 表　单

在网上冲浪时，网站有时需要获取一些用户信息，这就需要使用表单来实现。表单主要用于采集数据，如图 1-1-12 所示。

**重庆科创职业学院图书馆注册页面**

| 用户名 | zhou219 | 由字母、数字组成 |
| 密码 | ••••• | 输入6个字符 |
| 昵称 | | |
| 手机号码 | | |
| 性别 | 男 ⚥ ● 女 ⚥ ○ |
| 出生年月 | 年 /月/日 |
| 上传美照 | 选择文件 未选择任何文件 |
| 所属院系 | 选择您的学院 ▼ |
| 喜欢的书籍类型 | ☐ 综合性图书 ☑ 综合性图书 ☑ 综合性图书 ☐ 综合性图书 ☐ 综合性图书 |
| 宝贵建议 | |

注册 提交 重置

**免费注册**

☑ 我同意注册条款和会员加入标准

**我是会员，直接登录**

**我承诺**

*遵守学校图书管理制度
*凭本人校园一卡通进入各阅览室内阅览书、刊.
*每次在架上取书、刊不得超过3册，阅毕放在相应位置.
*未经许可不得擅自将阅览室所藏书、刊携出.
*不得在阅览室的书上面涂画、撕剪或占为己有.

图 1-1-12　表单

6. 发布网站

发布网站是指将本计算机上制作好的网页上传到网络空间中，发布通常是网站制作的最后一步。

# 五、网页的类型

目前，常见的网页有静态网页和动态网页两种。静态网页通常以".html"".shtml"".xml"等形式为后缀；动态网页一般以".asp"".jsp"".php"".perl"".cgi"等形式为后缀。

## 1. 静态网页

网页所基于的底层技术是 HTML 和 HTTP。在过去，制作网页都需要专门的技术人员来逐行编写代码，编写的文档称之为 HTML 文档。然而这些 HTML 文档类型的网页仅仅是静态的网页。

## 2. 动态网页

随着网络和电子商务的快速发展，产生了许多网页设计新技术，如 ASP 技术、JSP 技术等，采用这些技术编写的网页文档称为 ASP 文档或 JSP 文档。这种文档类型的网页由于采用动态页面技术，所以拥有更好的交互性、安全性和友好性。

简单来说，动态网页是由网页应用程序反馈至浏览器上生成的网页，它是服务器与用户进行交互的界面。

## 【知识小结】

通过本任务的学习，读者了解了一些制作网页的基本知识，对网页、网站有了一个初步认识，了解构成网页的基本要素，网页制作的基本工具和步骤。做好一个网站并非易事，所以了解和掌握一些网站设计基础知识和概念是必需的。

# 任务二　创建一个简单的网页

## 【任务描述】

经过上一个任务的学习，使读者了解了一些网站制作的基本知识，对网页、网站有了一个初步认识。本次任务是通过记事本、Excel、Word 等方式创建一个简单网页，以不同方式展示网页制作过程，包括网页新建、编写、保存、发布等步骤，使读者初步了解网页制作的基本流程。

## 【实施说明】

本任务将展示用记事本、Excel、Word 等方式创建网页的过程，让读者初步了解创建网页的基本步骤。在网页制作时，既可以直接编写代码制作网页，也可以直接借助各种软件工具制作网页，需注意网页美化和保存的格式。

## 【实现步骤】

### 一、使用记事本创建一个简单网页

（1）新建文本文档。使用附件中的记事本创建一个记事本文件，如图 1-2-1 所示。

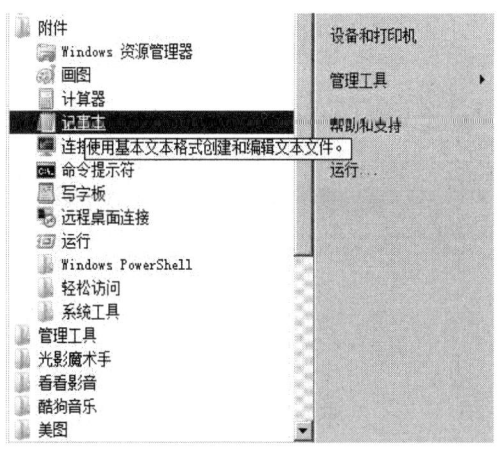

图 1-2-1　记事本

（2）编写代码。在记事本中输入 HTML 代码。输入代码示例如图 1-2-2 所示。

（3）保存网页。在记事本菜单栏中选择"另存为"，在弹出的对话框中选择保存位置和保存类型，如图 1-2-3 所示。

```
<html>
<head>
    <title> 我的第一个网页 </title>
</head>
<body>
    HELLO WORLD!
</body>
</html>
```

图 1-2-2  输入代码

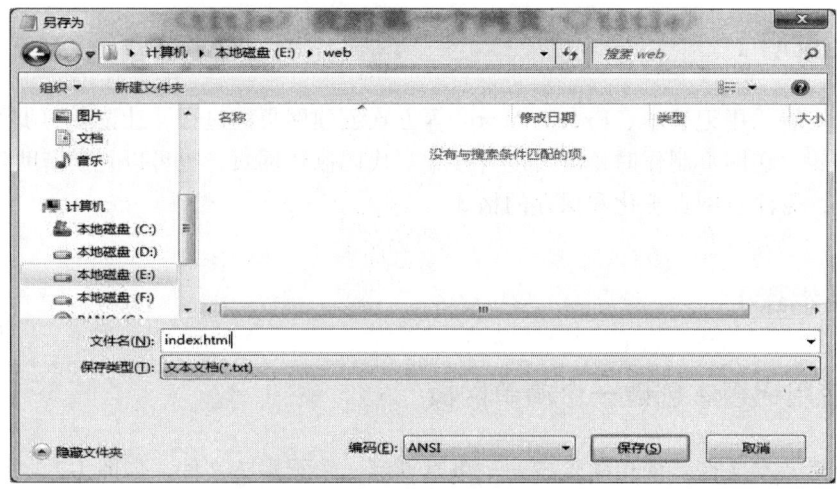

图 1-2-3  保存文档

（4）浏览网页。直接打开保存好的文件，浏览效果如图 1-2-4 所示。

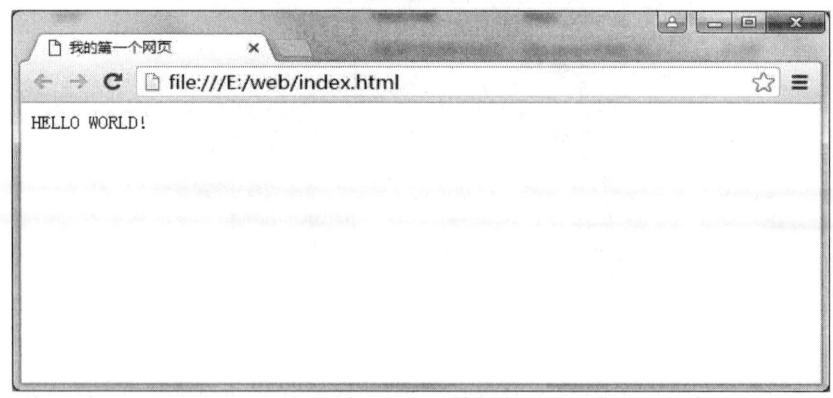

图 1-2-4  浏览效果

## 二、使用 Microsoft Excel 创建一个简单网页

（1）新建一个 Excel 文档，如图 1-2-5 所示。

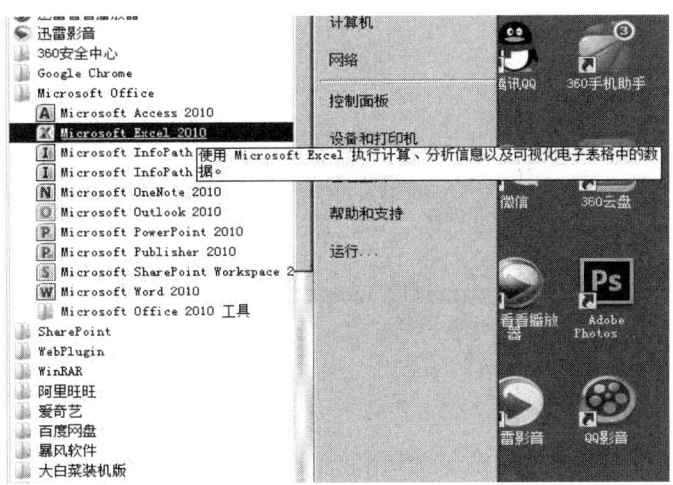

图 1-2-5　新建 Excel 文档

（2）输入网页内容，如图 1-2-6 所示。

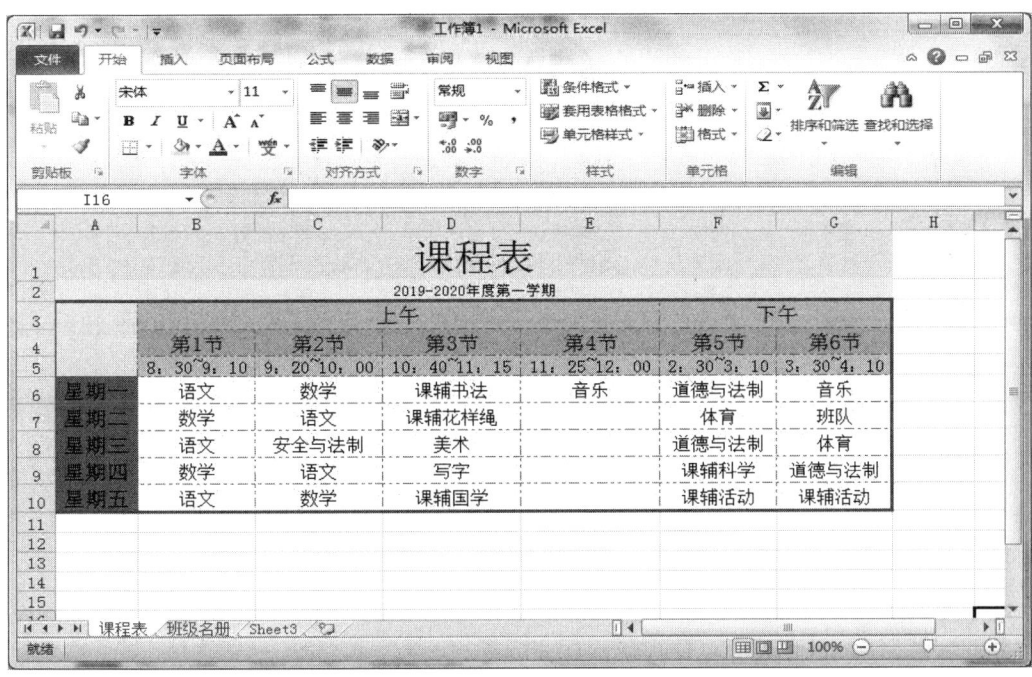

图 1-2-6　网页内容

（3）保存网页，如图 1-2-7 所示。

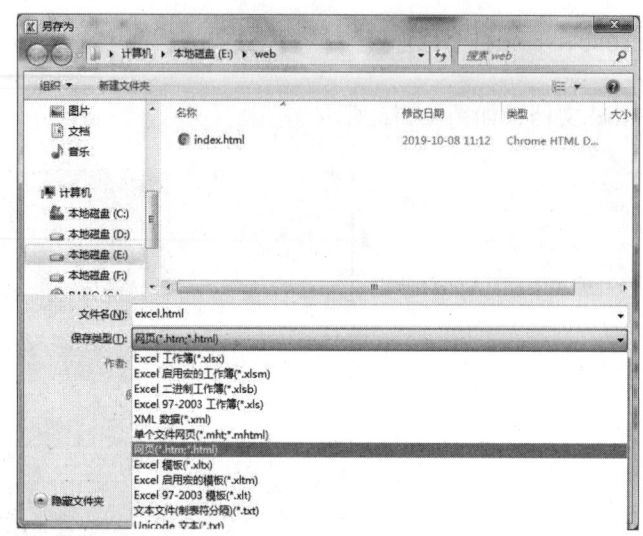

图 1-2-7　保存网页

（4）网页浏览效果如图 1-2-8 所示。

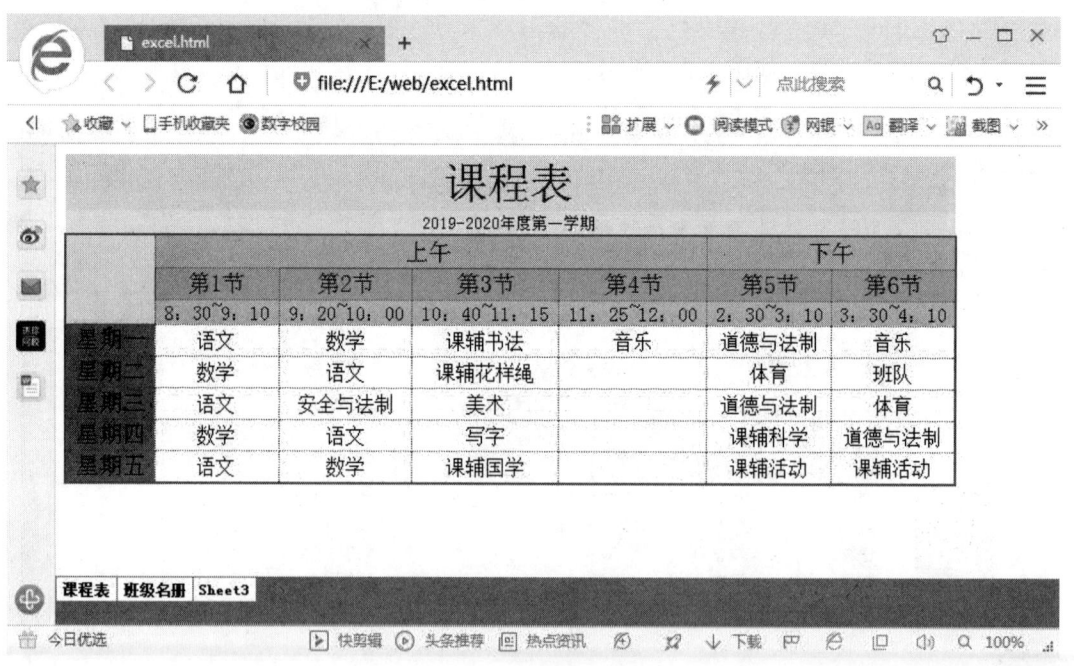

图 1-2-8　网页浏览

到此，使用 Excel 创建一个简单网页就完成了。

## 三、使用 Microsoft Word 创建一个简单网页

（1）新建 Word 文档，如图 1-2-9 所示。

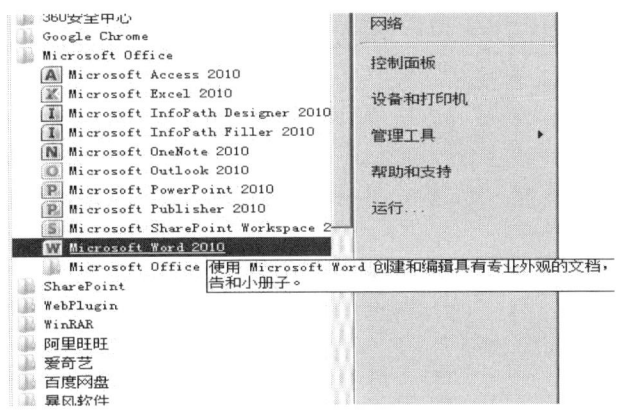

图 1-2-9　新建 Word 文档

（2）输入网页内容，如图 1-2-10 所示。

图 1-2-10　输入网页内容

（3）保存网页，如图 1-2-11 所示。

图 1-2-11　保存网页

（4）网页浏览效果如图 1-2-12 所示。

图 1-2-12　浏览网页

到此，使用 Word 创建一个简单网页就完成了。

## 【知识小结】

通过本任务的学习，读者了解了用几种不同方式（如用记事本、Excel、Word 等）创建一个简单网页的过程，了解了网页在创建过程中的新建、输入、保存、浏览等步骤和流程。通过学习，读者可以准确了解网页制作的基本流程，为后期网站开发及美化做好准备。

# 任务三　在局域网中发布网站

## 【任务描述】

通过前面的学习，我们了解和掌握了一些网站的基本知识以及网页制作的基本流程和方法。本任务将介绍网站制作完成后在局域网中发布的基本方法，以及不同方式发布的技巧等。

## 【实施说明】

如果想在局域网中发布网站，首先需要把局域网内的某台计算机设置成为服务器，然后设置 IIS 和目录设置，之后其他的机器就可以根据默认的目录来访问我们制作的网页或者网站了。

## 【实现步骤】

### 一、通过 IIS 在局域网中发布一个网站

（1）启动 IIS（Internet 信息服务管理器）。如图 1-3-1 所示，在 Internet 信息服务窗口中选取"网站"，右击鼠标之后在弹出的菜单里选择"添加网站"命令，开始创建一个 Web 站点。

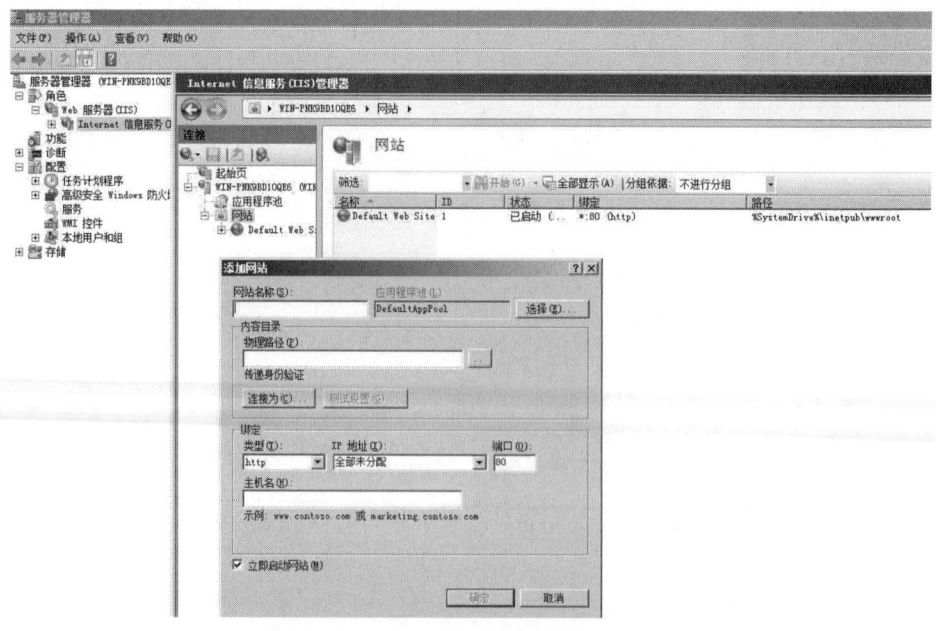

图 1-3-1　启动 IIS 信息服务管理器

（2）在窗口中设置 Web 站点的相关参数。例如，网站名称可以设置为"caoxiaoping"，Web 站点的主目录可以选取主页所在的目录或者是采用 WindowsServer 默认的路径，Web 站点 IP 地址和端口号可以直接在"IP 地址"下拉列表中选取系统默认的 IP 地址。网站配置示例如图 1-3-2 所示。

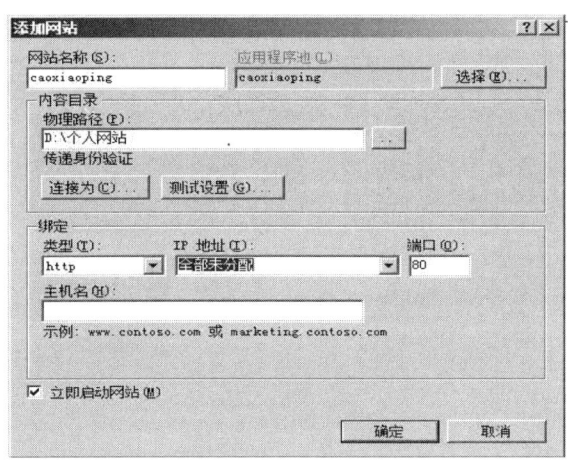

图 1-3-2　网站配置

（3）完成网站添加。返回到 Internet 信息服务器窗口，在"网站"一项之后可以看到多出了一个新的"caoxiaoping"站点，如图 1-3-3 所示。

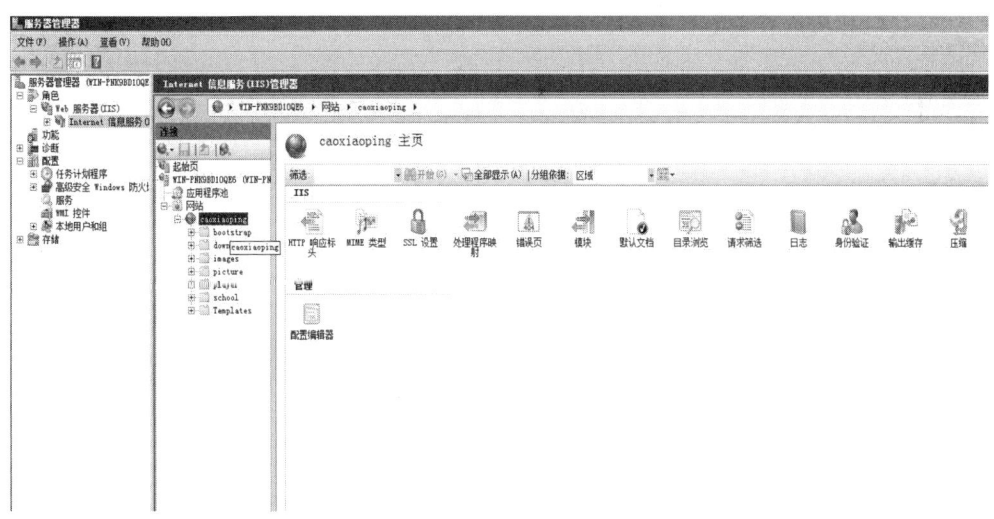

图 1-3-3　成功添加网站

（4）验证网站。为了验证创建的 Web 服务器可用，只要在内网的其他计算机上运行 IE 浏览器，然后在地址栏中输入 Web 服务器对应的 IP 地址，如果能够看见 IE7.0 的欢迎界面，就说明 Web 服务器创建成功了。网站浏览效果如图 1-3-4 所示。

图 1-3-4　浏览网站

## 二、通过 Web Server 工具发布网站

（1）本书以 Quick'n Easy Web Server 工具为例，首先启动 Web Server，如图 1-3-5 所示。

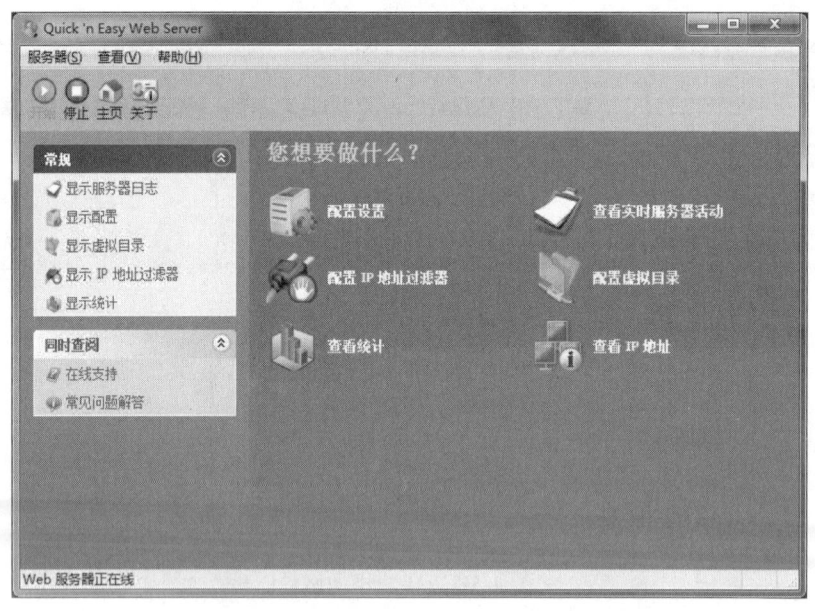

图 1-3-5　启动 Quick'n Easy Web Server

（2）打开 Quick'n Easy Web Server 菜单栏服务器，设置监听端口、网站路径（可以选择我们之前用 Word 编写的网页文件夹）、首页（要是扩展名为.html 的文件）等内容，如图 1-3-6 所示。

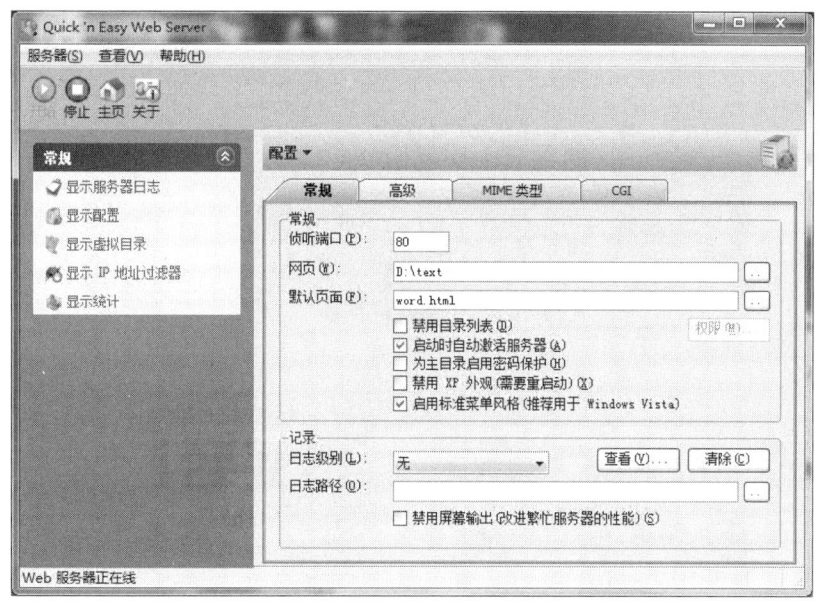

图 1-3-6　服务器设置

（3）浏览网站内容。在地址栏中输入本机 IP 地址：端口号直接回车即可。例如：http：//127.0.0.1:80，将显示个人网站内容，默认端口为 80 时，可以不用输入。注意：可以通过设置不同端口号，发布多个网页，输入端口号前的冒号，一定要是英文半角状态下。查看 80 端方式也可以直接点击软件首页——查看 IP 地址，点击 URL 链接地址。对话框如图 1-3-7 所示，浏览器预览效果如图 1-3-8 所示。

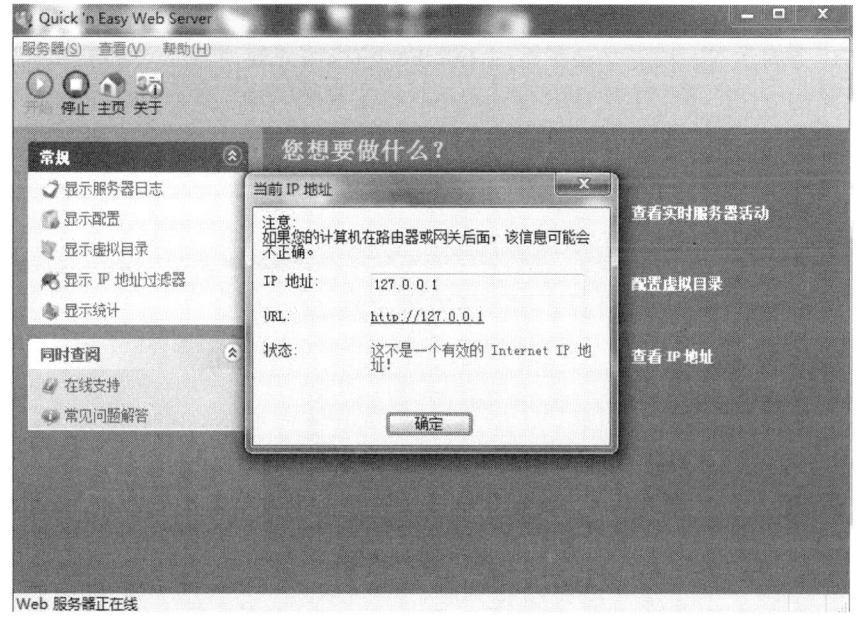

图 1-3-7　查看 IP 对话框

图 1-3-8　浏览网站

## 【知识小结】

经过本任务的学习，读者学会了运用 Internet 信息服务管理器和 WebServer 工具在局域网中发布网站的方法，了解了网站发布过程中软件工具的启动、配置、发布、预览等基本步骤和流程，初步认识了网站发布的过程。

# 任务四　在互联网上发布网站

## 【任务描述】

制作网站是为了向人们传播信息，所以需要把制作好的网站放到互联网上去，让人们可以通过 Internet 来查找和浏览。本任务主要介绍了通过购买独享云虚拟主机、获取主机信息、网站备案、上传网站和数据库、网站调试、域名解析和绑定等步骤实现网站在互联网中发布的方法。通过本任务学习，读者能够独立完成申请域名和云主机，掌握网站上传的方法。

## 【实施说明】

如何把做好的网站发布到互联网上，对于熟手来说可能会觉得十分简单，但对于新手来说也并不是一件容易的事。自主建站的基本步骤可以分为服务器选择、域名购买和备案、网站部署、域名解析等。

## 【实现步骤】

要想把网站发布到互联网上，需要先有空间和域名，而且要知道空间的 IP、FTP 账号和密码，有了这些才能正常登录 FTP 服务器，管理服务器上的文件。

网站空间实际就是一个网络上的服务器，它具有固定的 IP 地址，很大的存储空间，主要作用就是为网络用户提供各项服务，是实现网络资源共享的重要组成部分。网站空间分为收费和免费两种，通常收费的网络空间的服务优于免费的网站空间，至于选择哪一种，应根据具体情况而定。如果网站想长期运营下去，建议选择收费空间，如果只是想测试自己的网页制作能力，可申请一个免费空间，即可满足需求。本任务将以阿里云云虚拟主机为例，介绍在互联网上发布网站的方法。

### 一、云服务器的选择

1. 独享云虚拟主机、共享云虚拟主机、云服务器（ECS）的区别

（1）共享云虚拟主机：即通过相关技术把一台服务器划分成多个一定大小的空间，每个空间都给予单独的 FTP 权限和 Web 访问权限，多个用户共同平均使用这台服务器的硬件资源。

适用用户：资源共享，空间较大，固定流量，经济实惠，能满足基本建站。

（2）独享云虚拟主机：与共享云虚拟主机相比，独享云虚拟主机最大的不同是资源独享，享有整个服务器的软硬件资源，CPU、内存、带宽、硬盘均为独享，且不限流量、独立 IP、预装了网站应用环境和数据库环境，同时具备了虚拟主机和服务器的优势，可提供可视化操

作的控制面板环境，操作简单，即买即用。

适用用户：资源独享，空间超大，不限流量，配置较高，企业建站首选。

（3）云服务器（ECS）：提供弹性计算服务，支持各种应用软件灵活扩展，需要有专业技术人员来维护。

适用用户：有技术实力、懂得服务器配置及维护的用户及开发者。

独享云虚拟主机、共享云虚拟主机、云服务器（ECS）的主要配置见表1-4-1。

表 1-4-1　主要配置

| 主要配置 | 虚拟主机 | 独享版虚拟主机 | 云服务器（ECS） |
|---|---|---|---|
| 网页空间 | M/G 级空间 | G 级空间 | 独享整块硬盘 |
| CPU | 共享 | 独享 | 独享 |
| 内存 | 共享 | 独享 | 独享 |
| 带宽 | 共享 | 独享 | 独享 |
| 流量 | 有限制 | 无限制 | 无限制 |
| 主机管理控制台 | 支持 | 支持 | 不支持 |
| 付费方式 | 年付 | 月付/年付 | 月付/年付 |

2. 独享云虚拟主机和云服务器的参考价格

（1）独享云虚拟主机的参考价格如图 1-4-1 所示。

图 1-4-1　主机价格

（2）云服务器（ECS）的参考价格，如图 1-4-2 所示。

图 1-4-2　云服务器（ECS）价格

3. 购买和登录云虚拟主机

（1）购买云虚拟主机。首先登录阿里云官网，进入云虚拟主机产品页面，选择购买独享云虚拟主机，选择机房、操作系统、时长，单击页面右侧价格下面的"立即购买"，核对确认订单信息，确认后付款。购买云虚拟主机示例如图 1-4-3 所示。

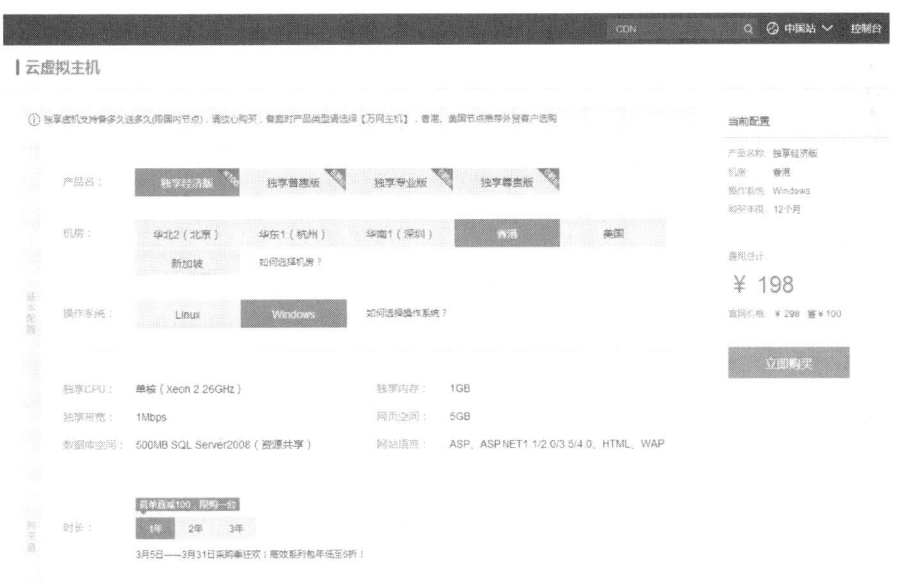

图 1-4-3　购买云虚拟主机

（2）登录主机管理页面。购买虚拟云主机后，用户就可以直接登录云虚拟主机管理页面，查看主机基础信息。单击"管理"按钮，即可进入主机管理页面，或使用主机用户名及管理密码直接登录主机管理控制台。主机管理页面示例如图 1-4-4 所示。

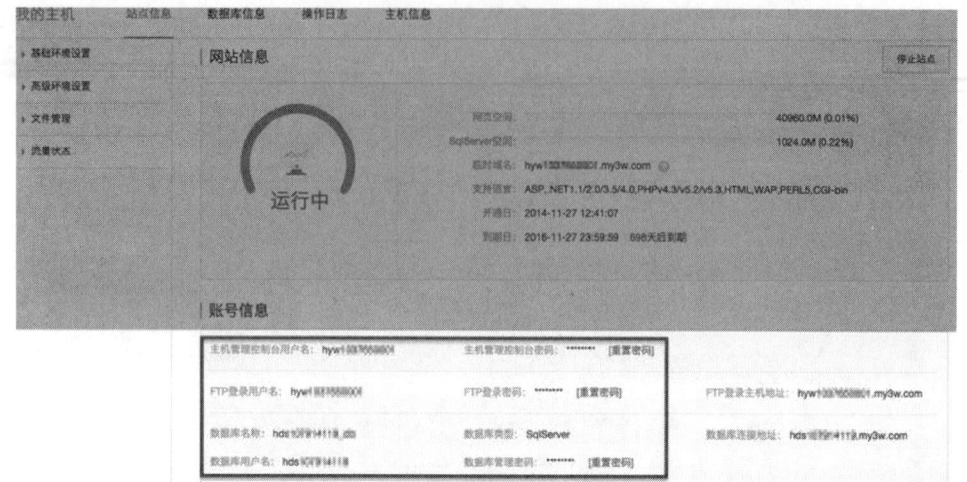

图 1-4-4　主机管理页面

（3）重置密码。在"主机管理控制台"站点信息中可以对主机管理控制台登录密码、FTP
登录密码以及数据库管理密码进行重置。此处以重置 FTP 登录密码为例，如图 1-4-5 所示。

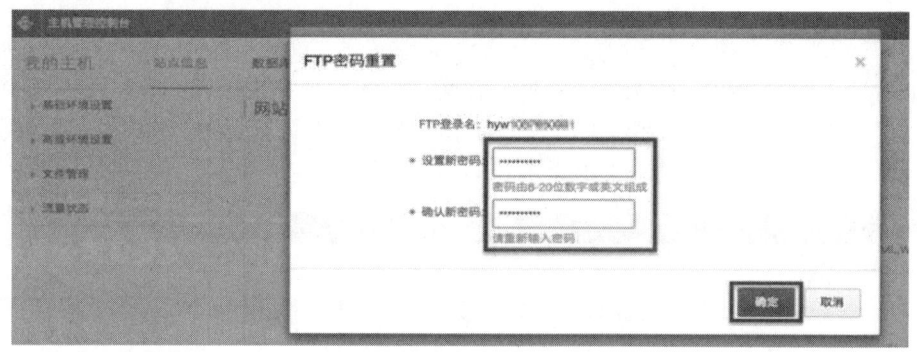

图 1-4-5　重置 FTP 密码

（4）绑定主机域名。在"基础环境设置"的"域名绑定"界面中选择已有域名或输入新
域名进行域名添加。更换绑定域名后还需要到域名服务商处做域名解析，指向此主机的 IP 地
址。绑定主机域名示例如图 1-4-6 所示。

图 1-4-6　绑定主机域名

（5）备案系统，申请 ICP 备案。根据工业和信息化部要求，开通网站必须先办理 ICP 网站备案。因此，在购买主机后，可以直接访问阿里云 ICP 代备案管理系统，根据备案提示及建议提交真实有效的备案信息。登录云虚拟主机管理页面，选择"主机"→点击"更多操作"→选择"备案"。备案示例如图 1-4-7 所示。

图 1-4-7　备案 1

也可以登录云虚拟主机管理控制台，在"主机信息"中点击"备案"。备案示例如图 1-4-8 所示。

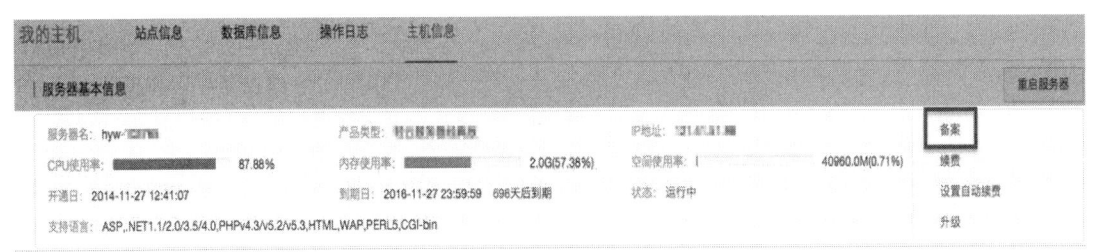

图 1-4-8　备案 2

（6）域名解析。域名服务商做域名解析，将域名指向主机的 IP 地址。在阿里云注册域名时，默认使用阿里云 DNS（域名服务器）；如果域名不是在阿里云注册的，应通知 DNS 提供商协助添加域名解析。解析生效时间以 DNS 提供商的生效时间为准，解析生效后才能正常使用。

## 二、上传网站

网页制作完成后，程序需上传至虚拟主机。需要注意的是：Windows 系统的主机应将全部网页文件直接上传到 FTP 根目录，即/；Linux 系统的主机应将全部网页文件直接上传到/htdocs 目录下。由于 Linux 主机的文件名是区别大小写的，文件命名需要注意规范，建议使用小写字母、数字或者带下划线，不要使用汉字。如果网页文件较多，上传较慢，建议先在本地将网页文件压缩后再通过 FTP 上传，上传成功后通过控制面板解压缩到指定目录。

方法一：使用 FTP 直接上传。

（1）通过文件浏览器上传网页。在地址栏中输入 ftp://主机 IP 地址，然后按下回车键。FTP 上传文件示例如图 1-4-9 所示。这种上传方式的优点是操作方便，但只适用于 Windows 系统的主机。

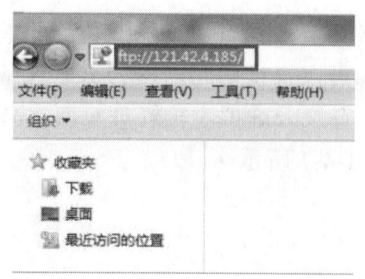

图 1-4-9　FTP 上传文件

（2）输入账号和密码。在用户名处输入主机的管理账号，在密码处输入主机的管理密码，示例如图 1-4-10 所示。如果该计算机仅供自己使用，可以选择勾选"保存密码"，再次登录就无须再次输入密码了。

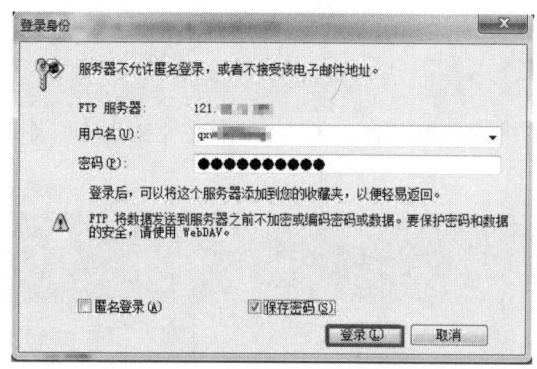

图 1-4-10　登录 FTP 账号

（3）单击"登录"后，可看到 FTP 上所有的文件，此时可以将本地的网页文件复制后粘贴到 FTP 目录下，也可以选中文件或文件夹后单击右键删除、重命名、复制、剪切 FTP 上的文件，如图 1-4-11 所示。

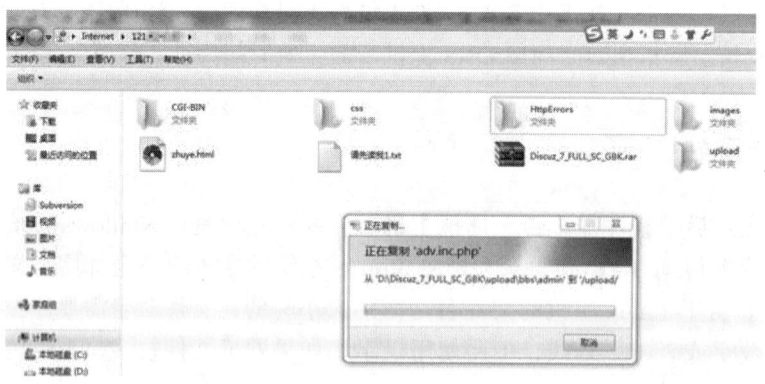

图 1-4-11　上传文件

方法二：使用 FTP 客户端上传文件。

CuteFTP 的优点是：无操作系统限制，适用面广。CuteFTP 是一个简单易用的 FTP 管理器，下面以 CuteFTP 9.0 为例进行说明。

（1）启动 CuteFTP 软件，新建站点：单击"文件"→"新建"FTP 站点，打开站点属性界面, 建立 FTP 站点, 如图 1-4-12 所示。

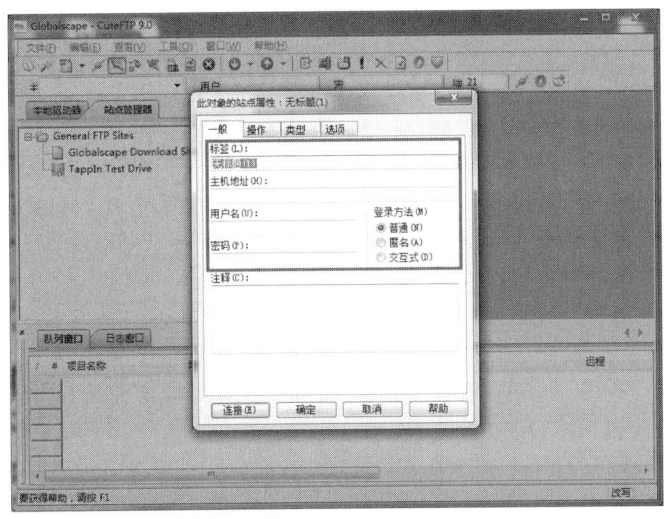

图 1-4-12　建立 FTP 站点

标签: 可任意填写。

主机地址: 填入主机的 IP 地址, 如 121.41.51.98。

用户名: 填写主机的用户名 (主机 FTP 用户名)。

密码: 填写主机的密码 (输入密码时, 框中只有*字, 防止被别人看到)。

登录方法: 这里选择"普通"。

(2) 在站点属性页面, 单击"类型", 端口填写为"21", 如图 1-4-13 所示。

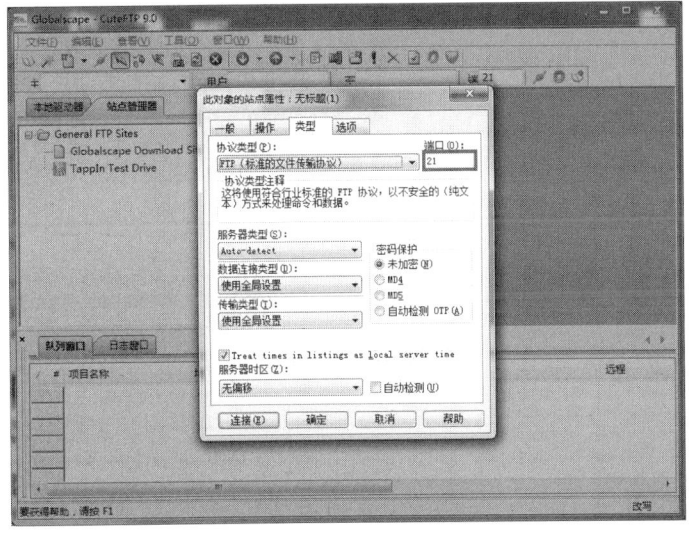

图 1-4-13　设置站点属性

(3) 显示隐藏文件的操作方法。在站点属性页面, 单击"操作"选项, 单击"筛选器", 勾选"启动筛选"和"启用服务器端筛选", 在"远程筛选器"中填写"-a", 如图 1-4-14 所示。

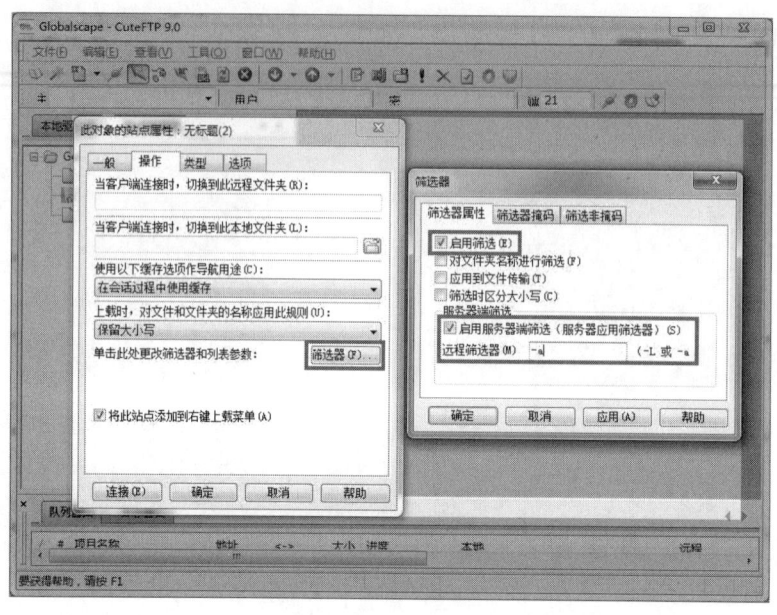

图 1-4-14　筛选器

（4）连接远程站点。单击"连接"，即可连接至主机目录。界面分为以下几部分。上部：工具栏和菜单。左边：本地区域，即本地硬盘，上面两个小框可以选择驱动器和路径。右边：远程区域，即远端服务器，双击目录图标可进入相关目录；命令区域。下部：记录区域，从此区域可以看到队列窗口，程序已进行到哪一步；日志窗口：连接的日志。连接远程站点示例如图 1-4-15 所示。

图 1-4-15　连接远程站点

（5）网页上传后使用浏览器访问测试。从本地区域选定要上传的网页或文件，双击或使用鼠标拖至远程区即可完成上传工作。单击鼠标右键可对远端文件和目录进行操作，如删除、重命名、移动、属性等。如果要在主机上新建目录，可以在右侧主机端空白处单击鼠标右键进行操作。网页文件上传完成示例如图 1-4-16 所示。

图 1-4-16　网页文件上传完成

至此，建站操作已基本完成，接下来便可以使用域名测试访问是否正常。

## 【知识小结】

本任务介绍了在互联网中利用云虚拟主机发布网站的过程，重点介绍了云虚拟主机的申请购买、主机信息的设置、域名解析和备案以及网站上传的方法等内容。通过本任务，读者熟悉了建站流程，能提升网页制作的能力。

# 项目二　网站策划

【项目简介】

　　网站策划逐步被各个企业重视，在企业建站中处于中心地位，起着核心作用。网站策划重点阐述了解决方案能给客户带来什么价值，以及通过何种方法去实现这种价值。本项目将会介绍网站建设的基本流程，需求分析，怎样撰写网站方案，网页的基本构成、布局。

【学习目标】

（1）了解网站建设的基本流程。
（2）了解网站建设的需求分析。
（3）掌握网站建设方案的撰写方法。
（4）掌握网页的基本构成和布局。

# 任务一　网站建设基本流程

## 【任务描述】

随着网络技术的进步，网页设计也发生着变化，其中典型的就是界面更加丰富多样化，内容功能也更加强大。制作网页前需要对网站进行整体规划，包括网站风格、主题内容、表现形式等。网站规划有独特的流程，合理地规划网站可以使网站形象更完美、布局更合理、维护更方便。

## 【实施说明】

网站规划前期，了解网页设计包含的内容以及网页设计的一些相关原则是非常有必要的。本任务将练习规划网站的操作流程。通过本任务的学习，读者可了解网页设计的相关内容和原则，能够独立完成一个网站的前期策划工作。

## 【实现步骤】

### 一、网站定位

网站的主题也就是网站的题材，是网站设计首先遇到的问题。网站题材千奇百怪，多种多样，究竟该如何选择呢？显然，企业网站的主题就是一味地追求提高企业的知名度，或者选择以介绍企业的知名产品为题材；或者选择以售后服务为题材；或者选择以在线技术咨询为题材。校园网的主题就是对外展示学校的办学特色，多以选择介绍学校师资队伍、办学方针为题材。个人网站的主题相对选择的种类比较多，再加上现在网上提供的免费空间越来越多，于是，一些网页制作爱好者就萌发了在网上建立个人网站的念头，所以个人网站的主题多以个人爱好为题材，没有固定的模式。

定位要小，内容要精。如果要制作一个包罗万象的站点，把所有精彩的东西都放在上面，结果往往会事与愿违，给人的感觉是没有主题，没有特色，样样都有，却样样都不精。

网站题材最好选择自己擅长或者喜爱的内容。兴趣是制作网站的动力，没有热情，很难设计出优秀的网站。

网站题材确定以后，就可以围绕题材给网站起一个名字。网站名称也是网站设计的一部分，而且是关键的一个要素。与现实生活一样，网站名称是否正气、响亮、易记，对网站的形象宣传和推广有很大的影响。因此，提出如下建议：

（1）名称要正。网站名称要合法、合理、合情，不能用反动、色情、迷信、危害社会安全与稳定的名词和语句。

（2）名称要易记。网站名称最好要用中文的，不要使用纯英文或纯数字名称。另外，网站名称的字数至少要控制在六个字以内（最好四个字），四个字也可以用成语。字数还有一个好处，即适合于其他站点的链接排版。

（3）名称要有特色。网站名称要有特色，能够体现一定内涵，给浏览者更多的视觉冲击和空间想象力。例如：音乐前卫、网页淘吧、E 书时空等，在体现网站主题的同时，能点出特色之处。

网站名称命名规则：

（1）单位网站命名要求：

① 使用 3 个或 3 个以上汉字。

② 不能使用纯数字、纯英文命名；不能包含特殊符号。

③ 非国家级单位，不得以中国、中华、中央、人民、人大、国家等字头命名。

④ 不能以网站域名命名。

⑤ 不能使用敏感词语（如反腐、赌博、廉政、色情等）命名。

（2）个人网站命名要求：

① 个人网站名称要尽量体现个人网站的主要内容。

② 使用 3 个或 3 个以上汉字。

③ 不能涉及行业、企业、产品等信息。

④ 不能使用个人姓名、地名、成语。

⑤ 不能使用纯数字、纯英文命名；不能包含特殊符号。

⑥ 不能使用敏感词语（如反腐、赌博、廉政、色情等）命名。

⑦ 不能使用资讯、网站、网络、网址、爱好者、作品展示、论坛、社区、工作室、平台、主页、热线、社团、导航等词汇命名。

⑧ 江苏管局要求个人备案网站名称只能填写"某某的个人博客"或者"某某的个人主页"；并在备注中说明网站开通后的主要内容。

⑨ 个人备案网站名称不能使用行业、经营性关键字。

## 二、整体规划

进行网站的整体规划也就是组织网站的内容，设计其结构。网站设计者在明确网站制作的目的以及要包括的内容之后，接下来就是应该对网站进行规划，以确保文件内容条理清楚、结构合理，这样不仅可以很好地体现设计者的意图，也将使网站的可维护性与可扩展性增强。

组织网站的内容可以从两个角度来考虑。从设计者的角度来考虑，就应该将各种素材依据浏览者的需要进行内容分类，以便浏览者可以快捷地获取所需的信息及其相关内容。当然，设计网页时通常需要全方位、多方面考虑设计者和浏览者的需要，使网站最大限度地实现设计者的目标，并为浏览者提供最有效的信息服务。

合理的结构设计对于网站的规划也是至关重要的，以下是三种常见的结构类型：

（1）层状结构。层状结构（见图 2-1-1）类似于目录系统的树形结构，由网站文件的主页开始，依次划为一级标题、二级标题等，逐级细化，直至提供给浏览者具体信息。在层状结构中，主页是对整个网站文件的概括和归纳，同时提供了与下一级的链接。层状结构具有很强的层次性。

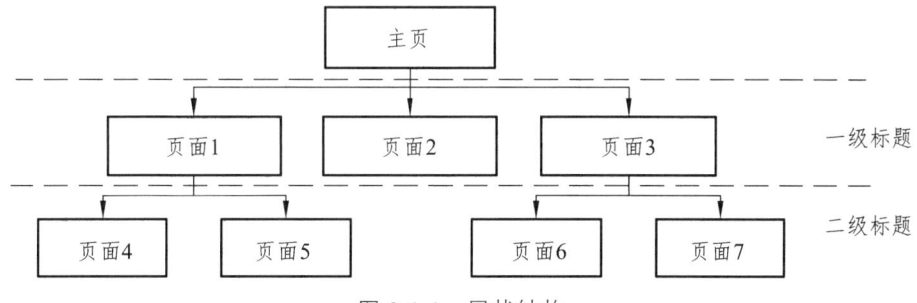

图 2-1-1　层状结构

（2）线性结构。线性结构（见图 2-1-2）类似于数据结构中的线性表，用于组织本身线性顺序形式存在的信息，可以引导浏览者按部就班地浏览整个网站文件。这种结构一般都用在意义是平行的页面上。

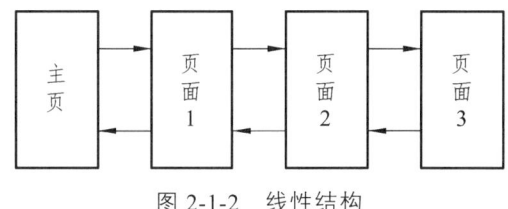

图 2-1-2　线性结构

通常情况下，网站文件的结构是层状结构和线性结构相结合的。这样可以充分利用两种结构各自的特点，使网站文件具有条理性、规范性，可同时满足设计者和浏览者的要求。

（3）Web 结构。Web 结构（见图 2-1-3）类似于 Internet 的组成结构，各网页之间形成网状连接，允许用户随意浏览。

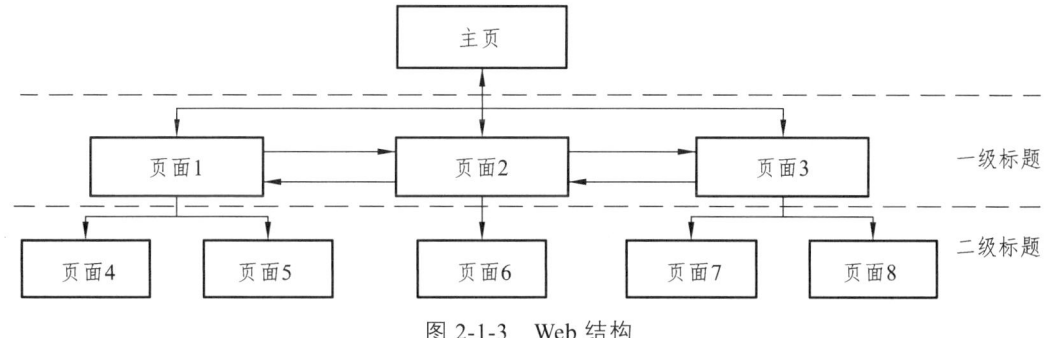

图 2-1-3　Web 结构

在实际设计时，应该根据需要选择适合于网站文件的结构类型。根据以上分析，要建立一个校园网站，应采用 Web 结构。

确定完网站结构之后，要完成的工作就是根据网站所要展示的内容从各个部门去收集和整理资料；其次，为了更好地反映这些内容，需要准备一些素材，如图片、图标等；最后，组织内容进行设计，完成整体规划。下面将以校园网站建设为例，说明在各个步骤要完成的任务。

第一步：收集整理资料。学校网站主要展示学校的基本概况、各系部的教学科研以及学生的活动情况，同时报道学校内部的新闻、对外交流等。所以网站建设人员需要得到各部门的大力配合，进行详细了解，取得翔实的资料。

第二步：准备素材。当需要的资料收集得差不多时，就要对资料进行分类整理。为了更好地反映这些资料的内容，需要准备一些辅助素材，这里更多的可能是图片、动画等，这些可以用前面讲的工具自己制作，也可以从其他网站上下载。例如学校的名字，如果直接使用文字放在主页的上方，就不如将其制作成图形文字放在上方好。

第三步：内容规划。资料和素材准备好后，接下来就是如何组织和安排这些内容了。学校网站可以分为校园概况、系部设置、新闻服务、招生信息、学生工作、办公电话及其他服务等。在系部设置下，又可以设置各系部主页，在系部主页下可以设置主要专业及教研室介绍等；在学生工作下，也可以有学生组织、活动信息、好人好事等。

## 三、网页设计与制作

### 1. 静态网页的设计与制作

在开始制作网页之前，建议先对自己要制作的主页进行总体设计。例如，希望主页是怎样的风格，应该放一些什么信息，其他网页如何设计，分几层来处理等。

通常在进行网页开发时，首先应进行静态网页制作，然后再在其中加入脚本程序、表单等动态内容。静态网页仅仅用来被动地发布信息，而不具有任何交互功能，它是 Web 网页的重要组成部分。

一个好的网站首先是内容丰富，其次是网页设计美观。对于网页的外观设计，提供以下建议：

（1）不要先决定网页的外观，然后迫使自己去适应它，应该根据网站的访问者对象、要提供的信息以及制作目标得出一个最合适的网页架构。

（2）每页排版不要太松散或用太大的字，尽量避免访问者浏览网页时要做大幅度的滚动，对于篇幅太长的一页可以使用内部链接解决。注意，在一页的上部是显眼而宝贵的地方，不要只放几个粗大的字或图片。

（3）切勿以 800×600 以上的分辨率设计网页，常用的分辨率是 640×480 和 800×600。现在国内的站点基本上都是 800×600 分辨率，但是如果主要是面向国外访问者的站点，建议使用 640×480 分辨率。

（4）不应在每页中插入太多广告。相信任何访问者都不会喜欢浏览尽是些广告的网页，要考虑该页内容与广告的比例，广告太多，只会令人厌烦。

（5）不要每页都采用不同的墙纸，以免每次转页时都要花费过多的时间去下载，采用相同的底色或墙纸还可以增强网页一致性，以树立自己的风格。

（6）底色或墙纸必须与文字对比强烈，以易于阅读。这并不是要求永远使用鲜亮的背景搭配深色的文字，但深色背景常要求与主题配合，有较多的顾虑。如果网页是文章式或是包含大量的文字，则不妨在底色与文字的搭配上下功夫，力求让访问者能够舒适地阅读网页。

（7）不要把图片中的白色当作透明色，要知道别人的系统不一定把内定底色设为白色，解决的办法除了真的把该网页的底色设为白色之外，最好还是用图片编辑工具将图片设为透明色。

## 2. 为网页添加动态效果

静态网页制作完成后，接下来的工作就是为网页添加动态效果，包括设计一些脚本语言程序、数据库程序，加入动画效果等。

仅仅由静态页面组成的网站不过是传统媒体的一种电子化而已，原来需要印刷在纸张上的内容现在被放到了网络上，用户在站点中切换页面，就像在现实中翻阅书籍。这样的站点不仅生命力有限，也无法体现网络时代带来的优势。一个真正的网站，不仅仅是将传统媒体电子化，给用户提供需要的内容，还应该做更多的事情，完成比页面浏览更高层次的需求，如收集信息、数据传递、数据储存、系统维护等。

## 四、测试网页

当网页设计人员制作完所有网站页面之后，需要对所设计的网页进行审查和测试，测试内容包括功能性测试和完整性测试两个方面。

所谓功能性测试就是要保证网页的可用性，达到最初的内容组织设计目标，实现所规定的功能，读者可以方便快速地寻找所需要的内容。完整性测试就是保证页面内容显示正确，链接准确，无差错、无遗漏。

如果在测试过程中发现了错误，就要及时修改，在准确无误后，方可正式在 Internet 上发布。在进行功能性测试和完整性测试后，有时还需要掌握整个站点的结构以备日后修改。

## 五、网页上传发布

网页设计好后，必须把它发布到互联网上，否则网站形象仍然不能展现出去。发布的服务器可以是远程的，也可以是本地的。

## 六、网站的宣传与推广

网站的宣传和推广一般有两种途径：一种是通过传统媒体进行广告宣传；另一种是利用 Internet 自身的特点向外宣传。

可用来宣传的传统媒体包括电视、广播、报纸、广告牌、海报和黄页等。对于公司还可以在通信资料、产品手册和宣传品上印刷网站宣传信息。

在 Internet 上宣传网站的方法也是多种多样的，如可以将网址和网站信息发布到搜索引擎、网上黄页、新闻组、邮件列表上进行宣传推广，也可以与其他同类网站交换宣传广告。

## 七、网站的反馈与评价

现在的网站注重信息的不断更新和交互性，只有这样才能吸引更多的浏览者来访问和参与。如何知道哪些网页内容需要调整、更新和修改，以及网页上需要增加哪些内容呢？这些不能靠主观臆断来确定，而是需要得到访问者的反馈意见，也可以根据不同网页的被访次数来分析。

获得用户反馈信息的方法很多，常用的有计数器、留言板、调查表等，也可以建立系统日志来记录网页的被访问情况。

## 八、网站的更新与维护

网站要注意经常维护更新内容，保持内容的新鲜，不要做好后放到服务器永远不变了，只有不断地补充、更新内容，才能吸引浏览者。维护更新时可以充分利用 Sublime_text 提供的模板和库技术，以提高工作效率。

## 【知识小结】

通过本任务的学习，读者要重点掌握网页制作的基本步骤，其中包括网站定位、网站规划、设计、测试、发布、宣传、反馈和维护与更新。要制作一个别具一格的网站，需要经过构思后形成独特的看法和见解，给人耳目一新的感觉。

# 任务二 网站建设需求分析

## 【任务描述】

网站需求是网站建设方案的必备内容，涉及网站框架、网站架构规划、网站页面设计要求、网站功能需求、网站技术说明，甚至还要包含网站建设的预算、网站建设的进度表等。因此如何更好地了解、分析、明确用户需求，并且能够准确、清晰地以文档的形式表达给参与项目开发的每个成员，保证开发过程按照满足用户需求为目的正确项目开发方向进行尤为重要。

## 【实施说明】

一个网站从最初在头脑中的构思，到整个网站的完成，还需要经过很多中间环节。其中需求分析阶段包括市场调查、网站规模分析、确定网站主题和确定网站目标群体这四个主要步骤。通过需求分析可以更好地把握网站的制作方向，制作出不同风格的网站。

## 【实现步骤】

在进行网站建设之初，首先要进行需求分析。所谓需求，就是指网站制作者想要表现的内容以及访问者想要活动的内容，它主要由网页制作过程中的网站定位决定。例如，如果是个人网站，则主要用于表现自我，内容大多数是自己想要表现的内容；如果是咨询网站，则访问者需要什么，内容就偏向于什么。

### 一、市场调查

要制作一个网站，就要对网络中其他相同类型的网站进行分析。例如，该类网站的数量、风格、具体内容以及最为重要的访问量等。如果是营利性质的网站，则还要对面向的客户进行分析调查，以便对自己的网站进行定位。

### 二、网站规模分析

网站按照规模，大致可以分为：小型、中型和大型三类。一般来说，网站都是由小慢慢变大的。确定了网站规模，就可以确定网页数量，从而制作出更合理、更完善的网站。

### 三、确定网站主题

网站的主题不同，其风格和侧重点也不相同。网站的主题可以说是网站内容的表现方向，只有确定好了方向，内容才有针对性，否则就让人感觉杂乱无章。下面就简单介绍一下不同主题的网站，以便了解在设计制作时需要注意的事项。

（1）以某个行业为主题的专业性网站（如汽车主题），在设计上要考虑其单一性及专业性，不能太花哨，应重点突出信息内容。汽车之家网站如图 2-2-1 所示。

图 2-2-1　汽车主题的网站

（2）以个人兴趣爱好为主题的个人网站则需要注重个性化，在制作过程中比较自由，可完全根据个人特长自由发挥。个人网站如图 2-2-2 所示。

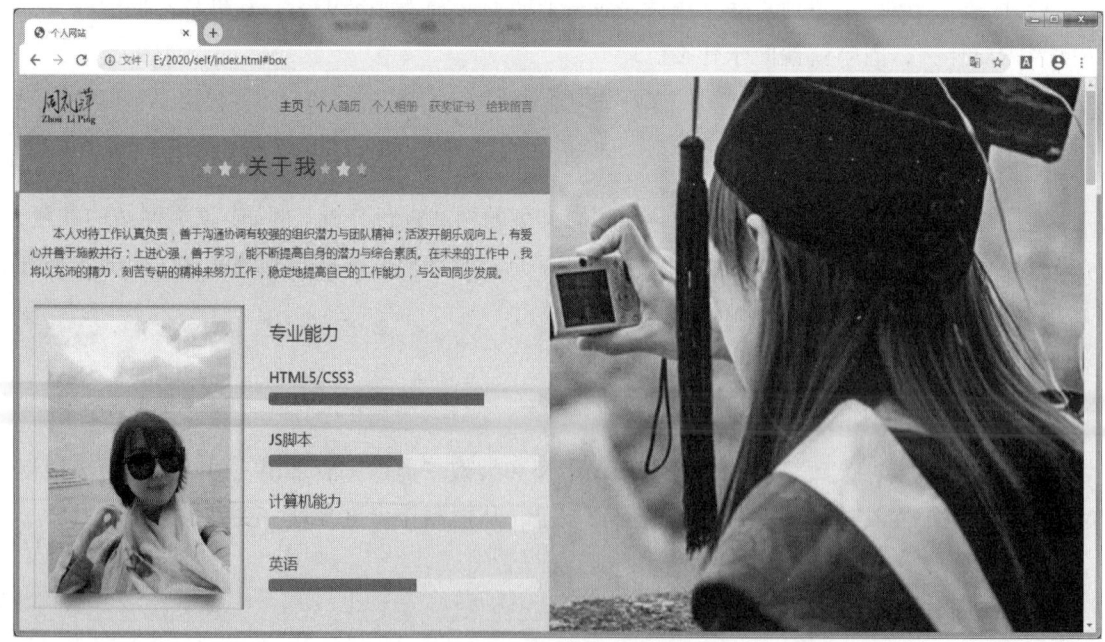

图 2-2-2　个人网站

（3）以产品、售后服务为主题的职能网站则应当注重其功能性，这类网站大多数用来树立公司形象以及为客户提供售后服务等。职能网站示例如图 2-2-3 所示。

图 2-2-3　职能网站

（4）门户网站涉及内容非常广泛，综合性比较强，因此这类网站需要大量的信息内容。新浪门户网站如图 2-2-4 所示。

图 2-2-4　新浪门户网站

## 四、确定网站目标群体

网站是提供网友浏览的，但是不同的网站针对的浏览对象也不同，也就是说，不同类型的人会浏览不同类型的网站。例如，时尚类网站主要是提供给追求时尚的年轻人看的；门户网站则针对大部分普通人群；还有一些针对儿童、妇女和老年人的网站。如"网上共青团"是共青团中央主办的互联网工程，是一种"互联网+共青团"的新模式。建设以"智慧团建"和"青年之声"为重点，建设工作网、联系网、服务网"三网合一"的"网上共青团"，形成"互联网+共青团"格局，实现团网深度融合、团青充分互动、线上线下一体运行，如图2-2-5所示。

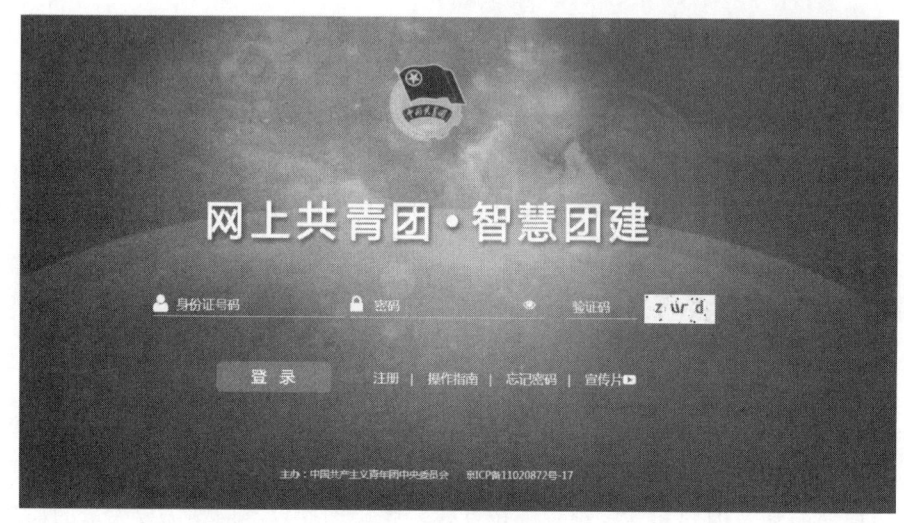

图 2-2-5  智慧团建

一个网站项目的确立是建立在各种各样的需求上的，这种需求往往来自客户的实际需求或者是出于公司自身发展的需要。其中客户的实际需求也就是说这种交易性质的需求占了绝大部分。

## 【知识小结】

通过本任务的学习，读者首先需要从网站的规模、主题、目标群体进行全局考虑和分析，设计出站点结构，然后规划站点所需功能、内容结构页面等，经客户确认才能进行下一步操作。在这一过程中，需要与客户紧密合作，认真分析客户提出的需求，以减少后期变更的可能性。

# 任务三　网站建设方案撰写

## 【任务描述】

网站策划对网站建设起到计划和指导的作用，对网站的内容和维护起到定位作用。网站建设方案应该尽可能涵盖网站策划中的各个方面，网站建设方案的写作要科学、认真、实事求是。一个大型企业网站的成功与否，与建站前的网站建设方案有着极为重要的关系。在建立网站前应明确建设网站的目的，确定网站的功能、规模、投入费用，进行必要的市场分析等。只有详细的策划，才能避免在网站建设中出现的很多问题，使网站建设能顺利进行。

## 【实施说明】

想要建立好一个网站，就需要先撰写设计方案。一个好的网站建设方案，前提是需要与客户紧密沟通合作，重点阐述内容，充分挖掘、分析客户的实际需求，准确地帮助客户分析、把握互联网应用价值点。要符合专业网站的建设标准，从网站建设策划方案的价值、资料收集、思路整理、方案写作、包装与提交、讲解与演示、归档和备案等方面进行。

## 【实现步骤】

效果为主，策划先行。一场完美落幕的奥运会背后一定有一个运筹帷幄的策划团队。网站建设也一样，一个成功的客户案例的诞生也一定少不了一份好的可执行的网站建设策划方案的支撑。那么，网站建设之前该如何策划呢?网站策划书要包含哪些内容呢?

### 一、市场分析

（1）相关行业的市场是怎样的，有什么样的特点，是否能够在互联网上开展公司业务。
（2）市场主要竞争者分析，竞争对手上网情况及其网站规划、功能作用。
（3）公司自身条件分析，公司概况、市场优势，可以利用网站提升哪些竞争力。

### 二、网站建设的目的及功能定位

（1）为什么要建网站，是为了宣传产品，进行电子商务，还是建行业性网站，是企业的需要还是市场开拓的延伸。
（2）整合公司资源，确定网站功能。根据公司的需要和计划，确定网站的功能：产品宣传型、网上营销型、客户服务型、电子商务型等。

（3）根据网站功能，确定网站应达到的效果并确定网站类型。

## 三、网站技术解决方案

根据网站的功能确定网站技术解决方案。
（1）租用虚拟主机的配置方案。
（2）网站安全性措施，防黑、防病毒方案。
（3）相关程序开发，如网页程序 ASP、JSP、CGI、数据库程序等。

## 四、网站内容规划

（1）根据网站的目的和功能定位规划网站内容，一般企业网站应包括公司简介、产品介绍、服务内容、价格信息、联系方式、网上订单等基本内容。
（2）电子商务类网站要提供会员注册、详细的商品服务信息、信息搜索查询、订单确认、付款、相关帮助等。
（3）如果网站栏目比较多，则考虑采用网站编程专人负责相关内容。注意：网站内容是网站吸引浏览者的重要因素，无内容或不实用的信息不会吸引匆匆浏览的访客。可事先对人们希望阅读的信息进行调查，并在网站发布后调查人们对网站内容的满意度，并及时调整网站内容。

## 五、网页设计

（1）网页设计一般要与企业整体形象一致，要符合 CI（企业形象统一战略）规范。要注意网页色彩、图片的应用及版面规划，保持网页的整体一致性。
（2）新技术的采用要考虑主要目标访问群体的分布地域、年龄阶层、网络速度、阅读习惯等。
（3）制订网页改版计划，如半年到一年时间进行较大规模改版等。

## 六、网站维护

（1）服务器及相关软硬件的维护。对可能出现的问题进行评估，制定响应时间。
（2）数据库维护。有效地利用数据是网站维护的重要内容，因此数据库的维护要受到重视。
（3）内容的更新、调整等。
（4）制定相关网站维护的规定，将网站维护制度化、规范化。

## 七、网站测试

网站发布前要进行细致周密的测试，以保证正常浏览和使用。主要测试内容：

（1）服务器稳定性、安全性。

（2）程序及数据库测试。

（3）网页兼容性测试，如浏览器、显示器。

（4）根据需要的其他测试。

## 八、网站发布与推广

（1）网站测试后进行发布的公关、广告活动。

（2）搜索引擎登记等。

## 九、网站建设日程表

各项规划任务的开始、完成时间，负责人等。

## 十、费用明细

各项事宜所需费用清单。

以上为网站规划书中应该体现的主要内容，根据不同的需求和建站目的，内容也会有增加或减少。在建设网站之初一定要进行细致的规划，才能达到预期建站目的。

## 【知识小结】

读者通过了解网站建设策划方案的撰写方法，经过网站需求分析、网站定位和设计、技术解决方案撰写、网站测试和发布以及售后等流程，要准确把握网站建设需求，善于站在客户的角度上去思考问题。方案的写作要科学、认真、实事求是。一个完美的网站建设方案对网站开发起到至关重要的作用。

# 任务四  网页基本构成与布局

## 【任务描述】

常见的网页一般包括标题、导航及页面内容三部分。网页布局实际就是对导航栏、栏目及正文内容这三大页面基本组成元素进行组织布局。根据页面内容侧重点的不同，我们可以把网页布局分为导航型、内容型及导航内容结合型三种。

## 【实施说明】

如果想让自己的网站变得更生动完美，就必须让网页不仅有文字，还应有吸引人的声音、动画和图片等，实现图、文、声、像的完美结合。设计网页的第一步是设计版面布局，将网页看作一张报纸、一本杂志进行排版布局，这里要求我们学习和掌握一个网页的版面设计基础知识。

## 【实现步骤】

众所周知，报刊的版面是由文字、图形图像和一些线条花边构成的。线条花边仅仅是为了装饰，真正反映报刊内容的是文字、图形图像，因此，构成报刊的要素有两个：文字和图形图像。

Internet 是继报刊、广播、电视后一个全新的媒体，它独有的可以和浏览者进行信息交互的功能使人们对它无比青睐。能提供这种信息的就是网页。网页的制作具有与报刊相似的原理，但其难度和复杂性要比报刊的设计大得多，这是因为通过浏览器展现出来的网页除了文字、图形图像以外，还可能有视频、音频等多媒体信息以及由 VisualBasic、Java、ASP 等程序语言制作出来的交互功能，同时，网页还具有随时从一处链接到另外一处的功能。由此可见，构成网页的要素比报刊多得多。对于静态网页来说，文字和图形是它的基本要素。但对于动态网页来说，仅有文字和图形这两项是不够的，从根本上讲，还应有交互功能。另外，不管是静态的还是动态的，还有一项基本要素是其他媒体所不具备的，即 WWW 的最大特色——超链接。

## 一、文  字

文字是网页发布信息所用的主要形式，由文字制作出的网页占用空间小。因此，当用户浏览时，可以很快地展现在用户前面。另外，文字性的网页还可以利用浏览器中"文件"菜单下的"另存为"功能将其下载，便于以后长期阅读，也可以对其编辑打印。但是，没有编排点缀的纯文字网页又会给人带来死板不活泼的感觉，使得人们不愿意再往下浏览。所以，文字性网页一定要注意编排，包括标题的字体字号、内容的层次样式、是否需要变换颜色进行点缀等。

（1）标题。一个网页通常都有一个标题来表明网页的主要内容。标题是否醒目，是吸引浏览者能否注意的一个关键因素，因此对标题的设计是很重要的。

（2）字号。网页中的文字不能太大或太小。太大会使得一个网页信息量变小，太小又使人们浏览时感到费劲。一个优秀网页中的文字应该统筹规划，大小搭配适当，给人以生动活泼的感觉。

（3）字体。在网页适当的位置采用不同的字体字号也能使网页产生吸引人的效果。应该注意的是在报刊上变换字体非常普遍，它可以在不同的地方使用不同的字体。但在网页制作上却要慎重。因为有些美丽的字体在制作网页的计算机上有，但是将来别人浏览我们的网页时，浏览者的计算机上未必安装过这种字体。这样浏览者就无法得到我们预想的浏览效果，甚至适得其反。

如果只是标题或者少量的文字，可以将采用的特殊字体制作成图片的方式，这样就可以避免其他浏览者看不到的尴尬局面了。

## 二、表　格

当文本内容较多时，可以利用表格形式来实现。表格是在网页上的一行或多行单元格，用来组织网页的布局或系统地布置数据，用户可以在表格的单元格中放置任何东西，包括文字、图像和表单等。表格具有容量大、结构严谨和效果直观等多个优点，是网页中不可缺少的记录或总结工具。例如，办公电话网页，要列出所有单位的名称及电话，则适合用表格形式完成。

表格还可以用来控制网页信息的布局方式。许多大型的网站都是使用表格来进行页面布局的。另外，使用表格能使页面看起来更加直观和有条理。

## 三、图　像

这里的图像概念是广义的，它可以是普通的绘制图形，也可以是各种图像，还可以是动画。一个优秀的网页除了有能吸引浏览者的文字形式和内容外，图形的表现功能是不能低估的。网页上的图形格式一般使用 jpeg 和 gif，这两种格式具有跨平台的特性，可以在不同的操作系统支持在浏览器上显示。

图形在网页中通常有如下应用：

（1）菜单按钮。网页上的菜单按钮有一些是由图形制作的，通常有横排和竖排两种形式，由此可以转入不同的页面，如图 2-4-1 所示。

图 2-4-1　图形按钮

（2）背景图形。为了加强视觉效果，有些网页在整个网页的底层放置了图形，称为背景图。背景图可以使网页更加华丽，使人感到界面友好。如图 2-4-2 所示，网页中所有标题图片、主页中新闻部分的背景图等都是利用 Photoshop 将背景图进行处理获得的。加入背景图片后，既美化了网页，又突出了主题。

图 2-4-2　背景图形

## 四、链接标志

链接是网页中一种非常重要的功能，是网页中最重要、最根本的元素之一。通过链接可以从一个网页转到另外一个网页，也可以从一个网站转到另外一个网站。链接的标志有文字和图形两种。可以制作一些精美的图形作为链接按钮，使它和整个网页融为一体。链接标志示例如图 2-4-3 所示。

图 2-4-3　链接标志

## 五、交互功能

Internet 区别其他媒体的一个重要标志就是它的交互功能。例如，在商务网站的页面上，人们经过浏览选择了某一个产品，就需要将自己的决定通过 Internet 告诉这个网站，网站能够自动对该产品的数据库进行检索，及时回应有还是没有，数量、规格、价格等信息。如果用户选择确定，那么网站能够返回确认信息。像这种交互功能，其他媒体是无法比拟的。

通常网页的交互功能都是利用表单来实现的。有表单的网页的站点服务器处理一组数据输入域，当访问者单击按钮或图形来提交表单后，数据就会传送到服务器上。交互功能示例如图 2-4-4 所示。

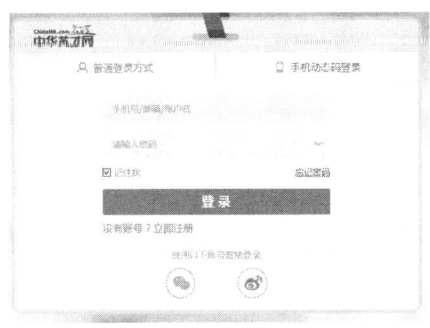

图 2-4-4　网站登录界面

## 六、声音和视频

声音和视频也是网页的一个重要组成部分，尤其是多媒体网页，更是离不开声音和视频。

目前有各种不同类型的声音文件，也有不同的方法将这些声音添加到网页中。在决定添加声音之前，需要考虑声音的用途、文件大小、声音品质和浏览器差别等因素。不同的浏览器对声音文件的处理方法不同，彼此之间很可能不兼容。

一般来说，不要使用声音文件作为背景音乐，因为那样会影响网页的下载速度。但可以在网页中添加一个打开声音文件的链接，使声音变得可以控制。

视频文件的格式也非常多，常见的有 Realplay、MPEG、DivX 等。采用视频文件可以使网页变得精彩、生动。

除了上述网页的基本构成之外，还有一种特殊的网页叫框架网页。框架网页将显示区域划分成多个独立区域。框架网页实际上包含了多个网页，一个是主框架网页，该网页定义框架的名称、位置及尺寸等。在浏览器中不显示；每个框架实际上都是一个独立的网页文件。因此，在制作网页时，既可以直接将已经制作好的网页放入框架，也可以为每个框架制作新网页。

此外，一般用到的网页美化软件有 Photoshop、Fireworks 和 Flash 等。

## 七、网站版式类型

网页的排版是指将网页内容在页面上有规则地进行排列布置，而网站版式类型则是各种网页不同排版方式的组合。网页的版式可以根据自己的需求来设计，比较常见的有以下几种：

（1）上左中右型。这种版式一般是在顶部显示 Banner 和导航条，左侧部分用来显示引导信息及友情链接等，中间部分用来显示正文内容，右侧部分用来显示广告信息等。示例如图2-4-5 所示。

图 2-4-5　上左中右型

（2）上左右型。这种版式同上左中右型类似，只不过是将右侧广告信息与正文内容合并在一起。示例如图 2-4-6 所示。

图 2-4-6　上左右型

（3）左中右型。这种版式一般是在网页的左侧显示导航栏，中间显示正文内容，右侧现在一些友情链接或页边广告条等，如图 2-4-7 所示。

图 2-4-7　左中右型

（4）全屏型。这种类型的网页版式没有明显的分界形式，通常由一幅图像或一个 Flash 动画来完成网页内容安排。个人网站和一些时尚艺术类网站大多数采用此类型版式，如图 2-4-8 所示。

图 2-4-8　全屏型（天猫精灵官方网站）

## 【知识小结】

通过学习网页的基本构成与布局，读者了解到网页构成的基本元素是文字、表格、图形、链接标志、交互功能、声音和视频，书中主要介绍了网站的上左中右型、上左右型、左中右型、全屏型等版式。经过构成和版式的认识和熟悉，希望读者能真正制作出精美的网页及网站，以展现本人或公司的风采。

# 项目三　网页框架

【项目简介】

在 HTML5 出现之前，我们一般采用 DIV+CSS 布局页面。但是这样的布局方式不仅使文档结构不够清晰，而且不利于搜索引擎爬虫对页面的爬取。为了解决上述缺点，HTML5 新增了很多新的语义化标签，这是一大亮点，这些新的标签可以使文档结构更加清晰明确，掌握这些元素和属性是使用 HTML5 搭建网页的基础。本项目除了介绍这些语义化标签外，为了建立网页常见结构还会介绍浮动这一知识点。

【学习目标】

（1）掌握结构元素的使用，使页面分区更加明确。
（2）学会搭建网页常用结构。
（3）掌握浮动的使用。
（4）明白盒子模型的组成及元素转换。

# 任务一　认识语义化结构标签

## 【任务描述】

认识 HTML5 新增结构语义化标签，在搭建网页主体结构时，应尽可能少地使用无语义的标签 div 和 span；在语义不明显，既可以使用 div 或者 p 时，尽量使用 p，因为 p 在默认情况下有上下间距，对兼容特殊终端有利。

## 【实施说明】

学习后可以运用合理的机构语义化标签搭建多种简单的网页主体结构。

## 【实现步骤】

HTML5 语义化结构：

要制作一个网页，网页的整体结构很重要。在制作网站时，以前常采用 div 来进行布局。div 对于搜索引擎来说，是没有语义的。HTML5 专门添加了页眉、页脚、导航、文章内容等跟结构相关的结构元素标签，如表 3-1-1 所示。这种语义化标准主要是针对搜索引擎的，新标签页面中可以使用多次，以代替没有意义的 div 标签。

表 3-1-1　HTML5 语义化标签

| 标签名 | 描　　述 |
|---|---|
| &lt;header&gt; | 表示页面中一个内容区块或整个页面的标题 |
| &lt;section&gt; | 页面中的一个内容区块，如章节、页眉、页脚或页面的其他部分，可以和 h1、h2……等元素结合起来使用，表示文档结构 |
| &lt;article&gt; | 表示页面中一块与上下文不相关的独立内容，如篇文章 |
| &lt;aside&gt; | 表示&lt;article&gt;标签内容之外的、与&lt;article&gt;标签内容相关的辅助信息，可用作文章的侧栏 |
| &lt;hgroup&gt; | 表示对整个页面或页面中的一个内容区块的标题进行组合 |
| &lt;figure&gt; | 表示一段独立的流内容，一般表示文档主体流内容中的一个独立单元 |
| &lt;figcaption&gt; | 定义&lt;figure&gt;标签的标题 |
| &lt;nav&gt; | 表示页面中导航链接的部分 |
| &lt;footer&gt; | 表示整个页面或页面中一个内容区块的脚注。一般来说，它会包含创作者的姓名、创作日期及创作者的联系信息 |

语义化布局如图 3-1-1 所示，它提升了网页的质量，针对搜索引擎能起到良好的优化效果。

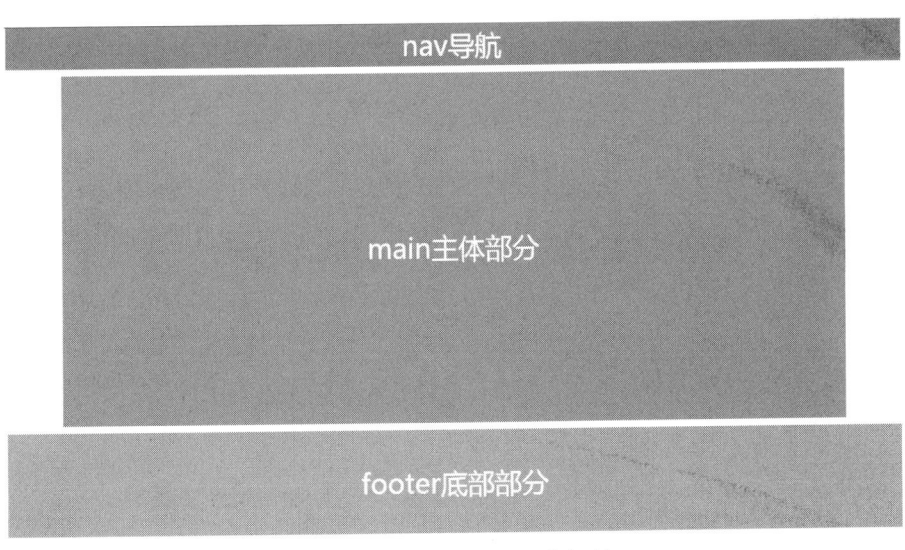

图 3-1-1　HTML5 语义化标签

实现代码如下：

```
<style>
    * {
        padding: 0;/*清除默认内边距*/
        margin: 0;/*清除默认外边距*/
        font-size: 40px;/*字体设置为 40 像素*/
        color: #fff;/*字体颜色为白色*/
    }
    nav {
        text-align: center; /*文本水平居中*/
        margin: 0 auto;/*盒子水平居中*/
        width: 80%;
        height: 60px;
        line-height: 60px;/*行高等于高度，文字垂直居中*/
        background-color: cornflowerblue;
    }
    main {
        text-align: center;
        width: 70%;
        height: 500px;
        line-height: 500px;
        background-color: hotpink;
```

```
            margin: 10px auto;/*设置盒子上下外边距为 10 像素，左右居中*/
        }
        footer {
            text-align: center;
            width: 80%;
            height: 150px;
            line-height: 150px;
            margin: 0 auto;
            background-color: orange;
        }
    </style>
</head>
<body>
    <nav>nav 导航</nav>
    <main>main 主体部分</main>
    <footer>footer 底部部分</footer>
</body>
```

另外，<header>页眉，可能包含标题元素，也可以包含其他元素，像 Logo、分节头部、搜索表单等，<hgroup>标签用于对网页或区段的标题元素（h1 ~ h6）进行组合。

示例代码如下：

```
<header>
    <hgroup>
        <h1>页眉主标题</h1>
        <h3>页眉副标题</h2>
    </hgroup>
</header>
```

figure 标签规定独立流的内容（图像、图表、照片、代码等）。figure 元素的内容应该与主内容相关，但如果被删除，则不应对文档流产生影响。figcaption 标签定义 figure 元素的标题（caption）。"figcaption"元素应该被置于"figure"元素的第一个或最后一个子元素的位置。

示例代码如下：

```
<figure style="text-align:center">
        <img src="zhuhai.jpg" width="350" height="234" />
        <figcaption>茶山竹海风景区</figcaption>
</figure>
```

网页效果如图 3-1-2 所示。

茶山竹海风景区

图 3-1-2　figure 标签

## 【知识小结】

运用语义化 HTML 可以使结构更具语义化，页面结构更清晰，写更少的 CSS 和 JS，在日常中应该多使用这种方式搭建网页结构,网页良好的结构和语义自然容易被搜索引擎捕捉。

# 任务二 运用块级元素和行内的转换搭建网页框架

## 【任务描述】

HTML 标记被定义成不同的类型，一般分为块标记和行内标记，也称为块元素和行内元素。

我们的语义标签都是块级元素，块级元素常用于网页布局和网页结构的搭建。在没有结构化语义标签以前，DIV 就是最常使用的块级布局标签，这就是常听到的 DIV+CSS 布局了。但有时我们需要多个标签在一行并排排列显示，就需要学习块级元素向行内块进行转换。

## 【实施说明】

通过对行内元素、块级元素和行内块元素知识点的学习，运用 display:inline-block 将元素转换为行内元素块进行排版。

## 【实现步骤】

### 一、块级元素

块元素在页面中以区域块形式出现。

常见的块元素有<h1>~<h6>、<p>、<div>、<ul>、<ol>、<li>等，其中<div>标签是最典型的块元素，当然 HTML5 新增的结构语义化标签：<header>、<nav>、<article>、<section>、<footer>等也是块级元素。

块级元素的特点：

（1）总是从新行开始，独自占据一行或多行；

（2）可以设置高度、宽度、外边距及内边距；

（3）宽度默认是容器的 100%；

（4）可以容纳内联元素和其他块元素。

### 二、行内元素

行内元素（内联元素）不占有独立的区域，仅仅靠自身的字体大小和图像尺寸来支撑结构，一般不可以设置宽度、高度、对齐等属性，常用于控制页面中文本的样式。

常见的行内元素有<a>、<strong>、<b>、<em>、<i>、<del>、<s>、<ins>、<u>、<span>等，其中<span>标签最典型的行内元素。

行内元素的特点：

（1）和相邻行内元素在一行上；

（2）设置高、宽无效（可设置 line-height），但水平方向的 padding 和 margin 可以设置，垂直方向的无效；

（3）默认宽度就是本身内容的宽度；

（4）行内元素只能容纳文本或则其他行内元素。（a 比较特殊，它可以包含多数标签）

**注意：** 只有文字才能组成段落，因此<p>标签里面不能放块级元素，同理还有这些标签<h1>、<h2>、<h3>、<h4>、<h5>、<h6>、<dt>，它们都是文字类块级标签，里面不能放其他块级元素。

链接里面不能再放链接。

## 三、行内块元素

在行内元素中有几个特殊的标签 ——<img/>、<input/>、<td>，可以对它们设置宽高和对齐属性，有些资料可能会称它们为行内块元素。

行内块元素的特点：

（1）和相邻行内元素（行内块）在一行上,但是之间会有空白缝隙；

（2）默认宽度就是它本身内容的宽度；

（3）高度、宽度、外边距及内边距都可以设置。

总之，行内块元素既有行内块的特点，相同元素可以同在一行显示；又同时拥有块元素的特征可以设置宽高属性。

## 四、标签显示模式转换 display

以上三种形式可以通过 display 相互转换：

（1）块转行内：

display: inline;

（2）行内转块：

display: block;

（3）块、行内元素转换为行内块：

display: inline-block;

*除此之外，当设置 display:none; 时，此元素被隐蔽，不显示，也不占页面空间，相当于元素不存在。用 display:block; 可将隐藏元素显示出来*。

## 五、创建网页常见结构

运用转换为行内元素创建如图 3-2-1 所示的结构。

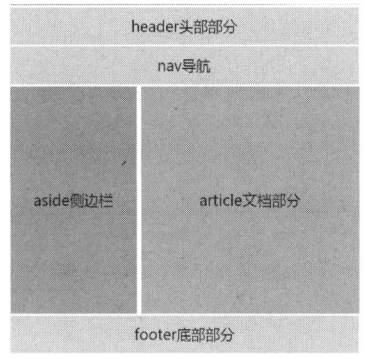

图 3-2-1　网页常见结构

实现代码如下：

```css
<style>
    * {
        padding: 0;
        margin: 0;
        font-size: 40px;
        color: #00f;
        text-align: center;/*行内块看作文本可以水平居中*/
    }
    footer,
    nav,
    header {
        text-align: center;/*盒子里面的文字居中*/
        width: 960px;
        height: 100px;
        line-height: 100px;/*行高等于高度，文字垂直居中*/
        line-height: 100px;
        background-color: greenyellow;
        margin: 5px auto; /*上下外边距 5 像素*/
    }
    aside {
        display: inline-block;/*块级元素向行内块转换*/
        width: 350px;
        height: 600px;
        line-height: 600px;
        background-color: hotpink;
    }
    article {
        display: inline-block;/*块级元素向行内块转换*/
        width: 600px;
        height: 600px;
        line-height: 600px;
        background-color: orange;
    }
</style>
</head>

<body>
```

```
    <header>header 头部部分</header>
    <nav>nav 导航</nav>
    <aside>aside 侧边栏</aside>
    <article>article 文档部分</article>
    <footer>footer 底部部分</footer>
</body>
```

## 【知识小结】

当多个块级元素想在一个行显示，可以通过 display 把块级元素转换为行内块元素，但是行内块元素在一起中间有个间距，是不能消除的。

# 任务三　利用浮动和清除浮动创建网页结构

## 【任务描述】

我们在设计网页界面时，需要从整体上把握好各种元素的布局。只有充分地利用页面空间、结构性的分割页面空间，并使其布局合理，才能设计出好的网页界面。在设计网页界面时，需要根据不同的网站定位和页面内容选择合适的布局形式。

## 【实施说明】

如任务二一样，有时需要一行出现多列布局。通过前面的学习，我们认识了传统网页布局的方式——标准流：就是标签按照规定好的默认方式排列。

（1）块级元素会独占一行，从上向下顺序排列。常用元素有：div、hr、p、h1~h6、ul、ol、dl、form、table 等。

（2）行内元素会按照顺序，从左到右顺序排列，碰到父元素边缘则自动换行。常用元素有：span、a、i、em 等。

以上都是标准流布局，标准流是最基本的布局方式。下面将介绍一个传统的网页布局方式——浮动。

## 【实验步骤】

### 一、浮动的语法

浮动可以改变元素标签默认的排列方式。浮动最典型的应用：可以让多个块级元素一行内排列显示。

语法：

float:left/center/right;

float 各值的含义见表 3-3-1。

表 3-3-1　float 各值的含义

| 值 | 描　　述 |
|---|---|
| left | 元素向左浮动 |
| right | 元素向右浮动 |
| none | 默认值。元素不浮动，并会显示其在文本中出现的位置 |
| inherit | 规定应该从父元素继承 float 属性的值 |

如果多个盒子都设置了浮动，则它们会按照属性值一行内显示并且顶端对齐排列。

**注意：**浮动的元素是互相贴靠在一起的（不会有缝隙），如果父级宽度装不下这些浮动的盒子，多出的盒子会另起一行对齐，如图 3-3-1 所示。

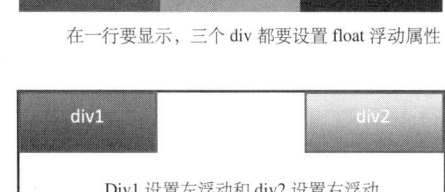

在一行要显示，三个 div 都要设置 float 浮动属性

Div1 设置左浮动和 div2 设置右浮动

图 3-3-1　浮动的盒子

## 二、浮动的特性

（1）浮动元素会具有行内块元素特性。

（2）任何元素都可以浮动。不管原先是什么模式的元素，添加浮动之后具有行内块元素相似的特性。

（3）如果块级盒子没有设置宽度，默认宽度和父级一样宽，但是添加浮动后，它的大小根据内容来决定。

（4）动的盒子中间是没有缝隙的，是紧挨着一起的。

## 三、浮动的运用

（1）因为浮动后的盒子不再占用原来的位置，会影响到后面的元素排列，所以一般浮动时会和一个标准流的父盒子搭配使用。

（2）先用标准流的父元素排列上下位置，然后内部子元素采取浮动排列左右位置。（浮动的子元素会参照父元素位置边界进行对齐）

（3）一个元素浮动了，理论上其余的兄弟元素也要浮动。

（4）一个盒子里面有多个子盒子，如果其中一个盒子浮动了，那么其他兄弟也应该浮动。

（5）浮动的盒子只会影响浮动盒子后面的标准流，不会影响前面的标准流。

运用浮动设置如图 3-3-2 所示的网页布局。

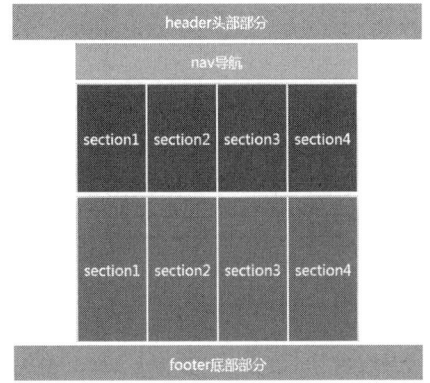

图 3-3-2　常见网页布局

实现代码如下：

```
<style>
*  {      padding: 0;
          margin: 0 auto;
          font-size: 40px;
          color: #fff;
          text-align: center;
          box-sizing: border-box; /*CSS3 盒模型让盒子的宽度从边框开始计算 */
   }
   header,
   footer {   /*并集选择器，选择两个标签以逗号隔开，用于共同申明*/
          border: 1px dashed #666; /*1 像素虚线边框*/
          height: 100px;
          line-height: 100px;
          width: 1160px;
          background-color: hotpink;
   }
   nav {
          width: 802px;
          height: 100px;
          line-height: 100px;
          background-color: orange;
          border: 1px dashed #666;
          margin-top: 10px;
   }
   article {
          height: 400px;
          width: 802px;
          border: 1px dashed #666;
          margin-top: 10px;
          margin-bottom: 10px;
   }
   article:nth-of-type(1) {/*结构伪类选择器选择第一个 article 标签*/
          height: 300px;
          line-height: 300px;
   }
   article:nth-of-type(1) section {/*后代选择器选择第一个 article 标签下的 section 标签*/
          height: 300px;
```

```
            line-height: 300px;
            background-color: green;
        }
        section {
            float: left;
            height: 400px;
            line-height: 400px;
            width: 200px;
            background-color: dodgerblue;
            border: 2px solid #fff;
        }
    </style>
</head>
<body>
    <header>header 头部部分</header>
    <nav>nav 导航</nav>
    <article>
        <section>section1</section>
        <section>section2</section>
        <section>section3</section>
        <section>section4</section>
    </article>
    <article>
        <section>section1</section>
        <section>section2</section>
        <section>section3</section>
        <section>section4</section>
    </article>
    <footer>footer 底部部分</footer>
</body>
```

## 四、清除浮动

在上面的案例中，父盒子 article 是一个标准流，而且指定了高度，所以给浮动的子元素占了位置，没有影响到后面的元素。而在实际开发中，多数情况下，父盒子的高度无法确定，更希望通过子元素的高度去撑开父盒子，但是由于浮动的盒子不占位置，这时如果父盒子也没有指定高度，就会影响到后面的盒子布局，如图 3-3-3 所示。这时候，我们就需要用到清除浮动去让父盒子重新检测子盒子的高度，使父盒子和浮动的子盒子一样高。

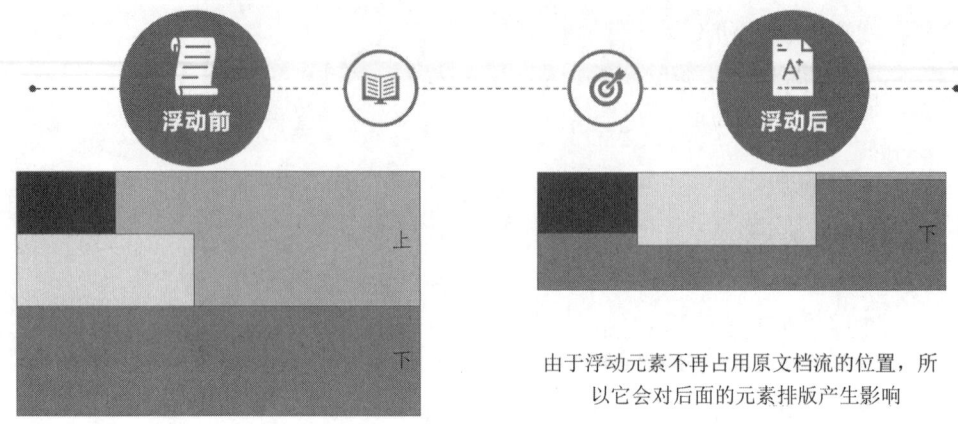

图 3-3-3　父盒子没有高度浮动前后对比

清除浮动的语法：

选择器 {clear：left/right/both}

clear 各值的含义如表 3-3-2 所示，实际运用中我们常用到 clear:both。

表 3-3-2　clear 各值的含义

| 值 | 描　　述 |
| --- | --- |
| left | 在左侧不允许浮动元素 |
| right | 在右侧不允许浮动元素 |
| both | 在左右两侧均不允许浮动元素 |
| none | 默认值。允许活动元素出现在两侧 |
| inherit | 规定应该从父元素继承 clear 属性的值 |

下面我们介绍四种清除浮动的方法：

（1）额外标签法，也称为隔墙法，是 W3C（万维网联盟）推荐的做法。

在子元素末尾添加一个空的标签。

优点：通俗易懂，书写方便。

缺点：添加了许多无意义的标签，结构化较差。

注意：要求这个新的空标签必须是块级元素。

（2）父级添加 overflow 属性，将其属性值设置为 hidden、auto 或 scroll。

overflow:hidden；

优点：代码简洁。

缺点：无法显示溢出的部分。

（3）清除浮动——:after 伪元素法。给父元素添加:after 方式是额外标签法的升级版。

```
.clearfix:after {
 content: "";
 display: block;
 height: 0;
 clear: both;
 visibility: hidden;
}
.clearfix { /* IE6、7 专有 */
 *zoom: 1;
}
```

优点：没有增加标签，结构更简单。

缺点：不兼容低版本浏览器。

代表网站：百度、淘宝网、网易等。

（4）父级添加双伪元素清除浮动。

```
.clearfix:before,.clearfix:after {
 content:"";
 display:table;
}
.clearfix:after {
 clear:both; }
.clearfix {
 *zoom:1;
}
```

优点：代码更简洁。

缺点：不兼容低版本浏览器。

代表网站：小米、腾讯等。

清除浮动四种方法的比较见表3-3-3。

表3-3-3　清除浮动四种方法的比较

| 清除浮动的方式 | 优点 | 缺点 |
| --- | --- | --- |
| 额外标签法（隔墙法） | 通俗易懂，书写方便 | 添加许多无意义的标签，结构化较差 |
| 父级 overflow: hidden; | 书写简单 | 溢出隐藏 |
| 父级 after 伪元素 | 结构语义化正确 | 由于 IE6 和 IE7 不支持:after，存在兼容性问题 |
| 父级双伪元素 | 结构语义化正确 | 由于 IE6 和 IE7 不支持:after，存在兼容性问题 |

## 【知识小结】

　　网页布局：多个块级元素纵向排列找标准流，多个块级元素横向排列找浮动。浮动元素会脱离标准流排列，浮动的元素会一行内显示并且元素顶部对齐，浮动的元素会具有行内块元素的特性。浮动的盒子一般会配搭标准流的父盒子一起使用，如果父盒子没有指定高度，就要用到清除浮动，清除浮动之后，父级就会根据浮动的子盒子自动检测高度。父级有了高度，就不会影响下面的标准流了。

# 项目四  网页文本修饰与段落修饰

## 【项目简介】

网站是 Internet 上的一个重要平台，已经成为当今不可缺少的展示和获取信息的来源。一个网站是由相互关联的多个网页构成的。网页上的信息包含文本、图像、动画、声音、视频等多种元素。本项目将介绍 HTML5 的基本构成、用 HTML 标记进行文本修饰、用 CSS 样式进行文本修饰以及段落修饰的应用知识。

## 【学习目标】

（1）了解 HTML5 的基本构成。
（2）掌握用 HTML 标记进行文本修饰的方法。
（3）掌握 CSS 的书写位置及多种 CSS 选择器的使用方法。
（4）掌握用 CSS 样式对文本和段落进行修饰的方法。

# 任务一  HTML5 的基本构成

## 【任务描述】

HTML5 是对 HTML（Hyper Text Markup Language）标准的第五次修订。其主要的目标是将互联网语义化，以便更好地被人类和机器阅读，并更好地支持各种媒体的嵌入。HTML5 的语法是向后兼容的。

HTML5 草案的前身名为 Web Applications 1.0，于 2004 年被 WHATWG（网页超文本应用技术工作小组）提出，于 2007 年被 W3C 接纳，并成立了新的 HTML 工作团队。

HTML5 手机应用的最大优势就是可以在网页上直接调试和修改，而原先应用的开发人员可能需要花费非常大的力气，并且需要不断地重复编码、调试和运行，才能达到 HTML5 的效果。因此许多手机杂志客户端是基于 HTML5 标准，开发人员可以轻松调试和修改。

HTML5 将会取代 1999 年制定的 HTML 4.01、XHTML 1.0 标准，以期能在互联网应用迅速发展的时候，网络标准达到符合当代的网络需求，为桌面和移动平台带来无缝衔接的丰富内容。

HTML5 的设计目的是在移动设备上支持多媒体。新的语法特征被引进以支持这一点，如 video、audio 和 canvas 标记。HTML5 可以更好地促进用户和网站之间的互动，多媒体网站可以获得更多的改进，特别是在移动平台上的应用，使用 HTML5 可以提供更多高质量的视频和音频流。随着移动互联网的飞速发展，目前 HTML5 技术也得到了不断完善，技术方面越来越成熟了，已成为目前主流的开发语言之一。

## 【实施说明】

以新建一个 HTML5 文档为例来查看该页面的基本构成。

## 【实现步骤】

（1）打开 sublime_text 软件，点击"文件"|"新建"命令，接下来点击"文件"|"保存"，在"另存为"对话框中，注意选择保存文档类型为 html5，如图 4-1-1 所示。

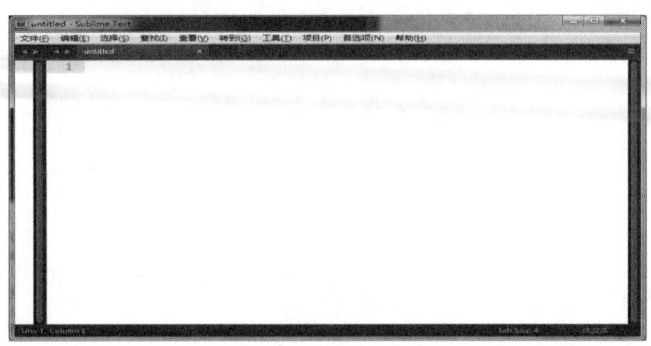

图 4-1-1 sublime_text 新建及保存文档对话框

（2）成功新建一个 HTML 5 文档后，用英文状态下的叹号"！"加上快捷键"Tab"，即可看到一个 HTML 5 文档的基础结构是由如图 4-1-2 所示的元素组成的。

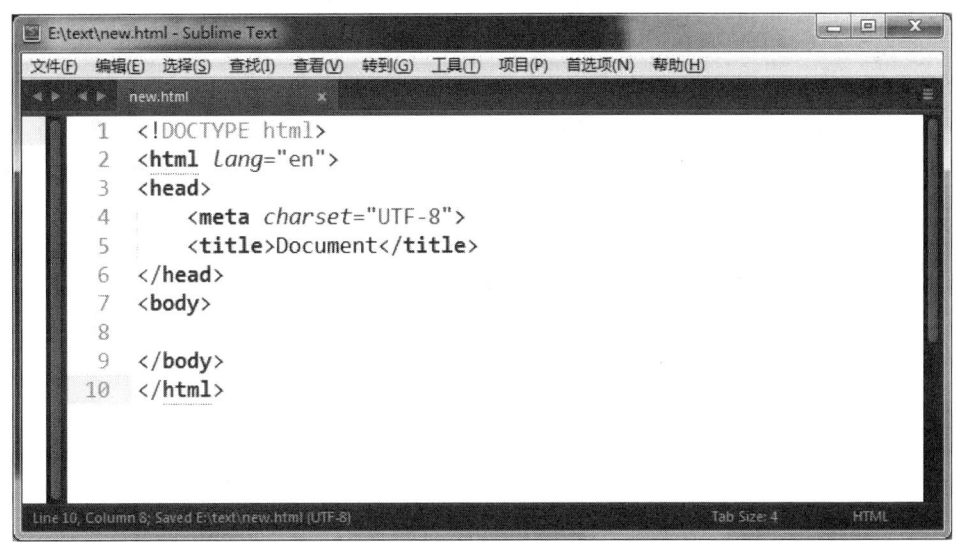

图 4-1-2 HTML5 文档的基本构成

（3）每个 HTML 文档都包含以下基本元素：

① <!doctype>声明：在 HTML 5 中只有一个<!Doctype html>。<!Doctype> 标签没有结束标签且对大小写不敏感。

② <html>标签：html 开始标签。

③ <head>标签：<head> 标签用于定义文档的头部，它是所有头部元素的容器。<head> 中的元素可以引用脚本，指示浏览器在哪里找到样式表，提供元信息等。

④ <meta>标签：META 标签是 html 标记 head 区的一个关键标签，提供文档字符集、使用语言、作者等基本信息，以及设定关键词和网页等级等，最大作用是能够做搜索引擎优化（SEO），如图 4-1-3 所示。

keywords：设置网页关键字（搜索引擎关注点之一），一般设置 6～8 个关键词，用逗号隔开。

description：网站说明，其作用是简单地说明网站是做什么的。

<meta charset="utf-8" >：文档使用的字符集编码是国际化编码 UTF-8。

```
<meta charset="utf-8">
<meta http-equiv="X-UA-Compatible" content="IE=edge,chrome=1">
<meta name="renderer" content="webkit">
<title>淘宝网 - 淘! 我喜欢</title>
<meta name="description" content="淘宝网 - 亚洲较大的网上交易平台，提供各类服饰、美容、家居、数码、话费/点卡充值。数亿优质商品，同时提供担保交易(先收货后付款)等安全交易保障服务，并由商家提供退换
安心享受网上购物乐趣! ">
<meta name="aplus-xplug" content="NONE">
<meta name="keyword" content="淘宝,淘宝,网上购物,C2C,在线交易,交易市场,网上交易,交易市场,网上买,网上卖,购物网站,团购,网上贸易,安全购物,电子商务,放心买,供应,买卖信息,网店,一口价,拍卖,网上开店,网
铺">
```

图 4-1-3　淘宝网的<mate>标签

⑤ <title>标签：定义文档的标题，作用是给页面定义一个标题，即给网页取一个名字，可以包含网站名（产品名）或网站介绍（建议不多于 30 个字）。

⑥ <body>标签：定义文档的主体。body 元素包含文档的所有内容,表示网页的主体部分，也就是用户可以看到的内容，包含文本、图片、音频、视频等。

## 【知识小结】

随着 Android、iOS 手机，平板式计算机等各种 App 的不断扩增，加上对过去传统 HTML 的各种不完善，HTML5 无须任何额外的插件（如 Flash、Silverlight 等）就可以传输所有内容，包括动画、视频、丰富的图形用户界面等。

# 任务二　运用 HTML 标记进行文本修饰

## 【任务描述】

文本是一个网页中最基本的部分，一个标准的文本页面可以起到传递有效信息的作用。一个优秀网页应该把文本组织成一个有吸引力且有效的文档。当人们浏览网页时，不仅可以传递信息，还可以给人以美的享受，这也正是 HTML 的优点。例如，可以通过改变文本大小和颜色、加粗和斜体、添加下划线等方式对文本进行修饰。

## 【实施说明】

运用 HTML 标记进行文本修饰主要是强调某一部分文字，或者让文字有所变化，常用于优化文本显示。

## 【实现步骤】

### 一、常用文本标签

HTML 常用的文本修饰标签如图 4-2-1 所示。从图 4-2-1 中可以看出，应用相应的文本修饰标签后会得到不同的效果。

| 标签 | 描述 | 效果 |
|---|---|---|
| <hn> | 标题字标签，共六级标题，n为1-6 | **用HTML标记进行文本修饰** |
| <b> | 粗体字标签 | **用HTML标记进行文本修饰** |
| <i> | 斜体字标签 | *用HTML标记进行文本修饰* |
| <u> | 下划线字体标签 | 用HTML标记进行文本修饰 |
| <sup> | 文字上标字体标签 | 用HTML标记进行文本修饰 |
| <sub> | 文字下标字体标签 | 用HTML标记进行文本修饰 |
| <font> | 字体标签，可通过标签属性指定文字字体、大小和颜色等信息 | 用HTML标记进行文本修饰 |
| <tt> | 打印机文字 | 用HTML标记进行文本修饰 |
| <cite> | 用于引证、举例，通常为斜体字 | *用HTML标记进行文本修饰* |
| <em> | 表示强调，通常为斜体字 | *用HTML标记进行文本修饰* |
| <strong> | 表示强调，通常为粗体字 | **用HTML标记进行文本修饰** |
| <small> | 小型字体标签 | 用HTML标记进行文本修饰 |
| <big> | 大型字体标签 | 用HTML标记进行文本修饰 |

图 4-2-1　HTML 标记文本修饰

对应代码如下：

```html
<!doctype html>
<html>
<head>
<meta charset="utf-8">
<title>4.2 用 HTML 标记进行文本修饰</title>
</head>
<body>
<table width="900" border="1" cellpadding="12" cellspacing="0">
  <tr>
    <td width="10%" height="27" align="center">标签</td>
    <td width="33%" align="center">描述</td>
    <td width="57%" align="center">效果</td>
  </tr>
  <tr>
    <td><strong>&lt;hn&gt;</strong></td>
    <td><p>标题字标签，共六级标题，<br>
    n 为 1 ~ 6</p></td>
    <td><h1>用 HTML 标记进行文本修饰</h1></td>
  </tr>
  <tr>
    <td><strong>&lt;b&gt;</strong></td>
    <td>粗体字标签</td>
    <td><b>用 HTML 标记进行文本修饰</b></td>
  </tr>
  <tr>
    <td><strong>&lt;i&gt;</strong></td>
    <td>斜体字标签</td>
    <td><i>用 HTML 标记进行文本修饰</i></td>
  </tr>
  <tr>
    <td><strong>&lt;u&gt;</strong></td>
    <td>下划线字体标签</td>
    <td><u>用 HTML 标记进行文本修饰</u></td>
  </tr>
  <tr>
    <td><strong>&lt;sup&gt;</strong></td>
    <td>文字上标字体标签</td>
```

```
    <td><sup>用 HTML 标记进行文本修饰</sup></td>
  </tr>
  <tr>
    <td><strong>&lt;sub&gt;</strong></td>
    <td>文字下标字体标签</td>
    <td><sub>用 HTML 标记进行文本修饰</sub></td>
  </tr>
  <tr>
    <td><strong>&lt;font&gt;</strong></td>
    <td>字体标签，可通过标签属性指定文字字体、大小和颜色等信息</td>
    <td><font color="#FF0000"   face= face="Comic Sans MS, cursive", Times, serif" size="+1">用
HTML 标记进行文本修饰</font></td>
  </tr>
  <tr>
    <td><strong>&lt;tt&gt;</strong></td>
    <td>打印机文字</td>
    <td><tt>用 HTML 标记进行文本修饰</tt></td>
  </tr>
  <tr>
    <td><strong>&lt;cite&gt;</strong></td>
    <td>用于引证、举例，通常为斜体字</td>
    <td><cite>用 HTML 标记进行文本修饰</cite></td>
  </tr>
  <tr>
    <td><strong>&lt;em&gt;</strong></td>
    <td>表示强调，通常为斜体字</td>
    <td><em>用 HTML 标记进行文本修饰</em></td>
  </tr>
  <tr>
    <td><strong>&lt;strong&gt;</strong></td>
    <td>表示强调，通常为粗体字</td>
    <td><strong>用 HTML 标记进行文本修饰</strong></td>
  </tr>
  <tr>
    <td><strong>&lt;small&gt;</strong></td>
    <td>小型字体标签</td>
    <td><small>用 HTML 标记进行文本修饰</small></td>
  </tr>
  <tr>
```

```
        <td><strong>&lt;big&gt;</strong></td>
        <td>大型字体标签</td>
        <td><big>用 HTML 标记进行文本修饰</big></td>
    </tr>
</table>
<p> </p>
</body>
</html>
```

## 二、常用的字体属性（font）

font-size（字体大小）：后面带数值即可，常用单位：px、em。

font-style（字体样式）：oblique（偏斜体）；italic（斜体）；normal（正常）。

line-height（行高）：normal（正常）；常用单位：px，行高等于高度文本就可以垂直居中对齐。

font-weight（字体粗细）：bold（粗体）；lighter（细体）；normal（正常），也可以用数值 100 ~ 900 表示，其中 400 相当于 normal，700 相当于 bold。

text-transform（大小写）：capitalize（首字母大写）；uppercase（大写）；lowercase（小写）；。

text-decoration（文本修饰）：underline（下划线）；overline（上划线）；line-through（删除线）；blink（闪烁）；none（无）；一般使用 text-decoration：none；来取消 a 链接标记自带的下划线。

text-align（水平对齐方式）：left；right。

font-family（字体）：网页中常用的字体有宋体、微软雅黑、黑体等，例如，将网页中所有段落文本的字体设置为微软雅黑，可以使用如下 CSS 样式代码：

p { font-family:"微软雅黑";}

可以同时指定多个字体，中间以逗号隔开，表示如果浏览器不支持第一个字体，则会尝试下一个，直到找到合适的字体。

注意：

（1）现在网页中普遍使用 14px+。

（2）尽量使用偶数的数字字号，IE6 等低版本浏览器使用奇数可能会有 bug（逻辑缺陷）。

（3）各种字体之间必须使用英文状态下的逗号隔开。

（4）中文字体需要加英文状态下的引号，英文字体一般不需要加引号。当需要设置英文字体时，英文字体名必须位于中文字体名之前。

（5）如果字体名中包含空格、#、$等符号，则该字体必须加英文状态下的单引号或双引号，如 font-family: "Times New Roman";。

（6）尽量使用系统默认字体，保证在任何用户的浏览器中都能正确显示。

font 用于对字体样式进行综合设置，其基本语法格式如下：

选择器 {font: font-style  font-weight  font-size/line-height  font-family;}

使用 font 属性时，必须按上面语法格式中的顺序书写，不能更换顺序，各个属性以空格隔开。

**注意：** 其中不需要设置的属性可以省略（取默认值），但必须保留 font-size 和 font-family 属性，否则 font 属性将不起作用，如图 4-2-2 所示。

```html
<head>
    <meta charset="UTF-8">
    <meta name="viewport" content="width=device-width, initial-scale=1.0">
    <title>古诗</title>
    <style>
        h2 {
            font: 700 24px "微软雅黑";
            color: ■hotpink;
        }

        p {
            font: italic 700 20px/30px "隶书";
            color: ■deepskyblue;
        }
    </style>
</head>
<body>
    <h2>静夜思</h2>
    <p>床前明月光，疑是地上霜。举头望明月，低头思故乡。</p>
</body>
```

## 静夜思

*床前明月光，疑是地上霜。举头望明月，低头思故乡。*

图 4-2-2 font 连写设置字体样式

## 【知识小结】

标签的标记都要用尖括号"<>"括起来，双标签的结束标记是在开始标记之前加一反斜杠"/"，如<html>与</html>；代码不区分大小写，如<boDY>与<BODy>都是正确的，但是所有符号如< >、" "都必须是英文输入法下输入的；标记<!--...-->标签表示其中的内容是注释语句，在浏览器中不会显示出来。

# 任务三　运用CSS样式进行文本修饰

## 【任务描述】

CSS（Cascading Style Sheets），即层叠样式表，是一种用来表现HTML（标准通用标记语言的一个应用）或XML（标准通用标记语言的一个子集）等文件样式的计算机语言。CSS不仅可以静态地修饰网页，还可以配合各种脚本语言动态地对网页各元素进行格式化。CSS为HTML标记语言提供了一种样式描述，定义了其中元素的显示方式。CSS在Web设计领域是一个突破，利用它可以实现美化样式。本任务主要介绍了样式表文件的使用方法、CSS构造样式的规则以及样式选择器的类型。

## 【实施说明】

CSS语言是一种标记语言，因此不需要编译，可以直接由浏览器执行（属于浏览器解释型语言）。

CSS文件是一个文本文件，它包含了一些CSS标记。CSS文件必须使用css为文件名后缀。

## 【实现步骤】

### 一、使用内联样式进行编辑

内联样式，也称为行内样式、行间样式、内嵌样式，是通过标签的style属性来设置元素的样式，其基本语法格式如下：

```
<标签名  style="属性1:属性值1; 属性2:属性值2; 属性3:属性值3;">
内容
    </标签名>
```

语法中style是标签的属性，实际上任何HTML标签都拥有style属性，用来设置行内式。其中属性和值的书写规范与CSS样式规则相同，行内式只对其所在的标签及嵌套在其中的子标签起作用，且权级较高。编辑代码如图4-3-1所示，效果如图4-3-2所示。

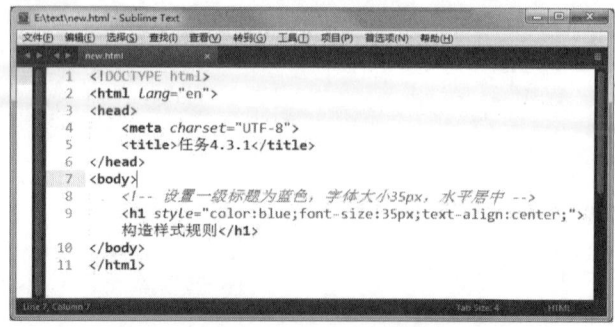

图4-3-1　行内式直接书写样式

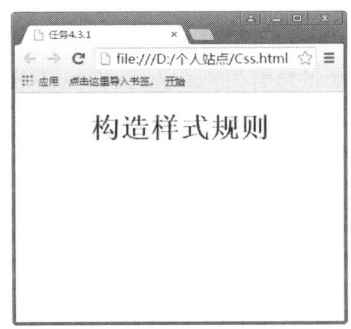

图 4-3-2　构造样式规则

## 二、创建内部样式表

内嵌式是将 CSS 代码集中写在 HTML 文档的 head 头部标签中，并且用 style 标签定义，其基本语法格式如下：

```
<head>
   <style >
            选择器  {属性 1:属性值 1; 属性 2:属性值 2; ...;}
   </style>
</head>
```

内部样式表编辑代码如图 4-3-3 所示。

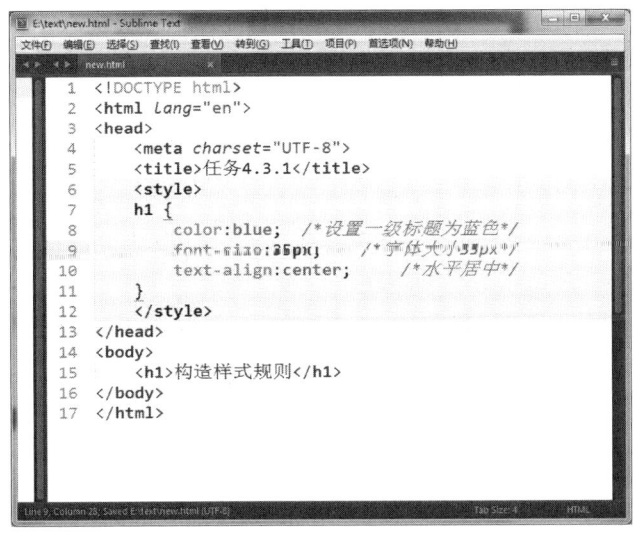

```
1  <!DOCTYPE html>
2  <html Lang="en">
3  <head>
4      <meta charset="UTF-8">
5      <title>任务4.3.1</title>
6      <style>
7      h1 {
8          color:blue;    /*设置一级标题为蓝色*/
9          font-size:35px;    /*字体大小55px*/
10         text-align:center;    /*水平居中*/
11     }
12     </style>
13 </head>
14 <body>
15     <h1>构造样式规则</h1>
16 </body>
17 </html>
```

图 4-3-3　内部样式表编辑

说明：

（1）在样式表中，"/*" 代表注释开始，"*/" 代表注释结束，两者中间输入注释内容，注释信息可长可短可换行，注释可单独在每一行上标识，也可以放在声明块里。因涉及网页文件后期的修改和维护，所以注释不仅仅对代码编写者有用，对于阅读代码的其他人也有好处。但注释不能嵌套。例如：

```
/*以下为注释内容：
CSS是用于布局与美化网页的。
CSS是大小写不敏感的，CSS与css是一样的。
CSS是由W3C的CSS工作组产生和维护的。*/
```

（2）每一条声明的顺序可随机调换，如果对相同的属性定义了两次，最终执行的属性是最后一次。在本例中，"font-size:35px."也可以放在"text-align:center"后面，效果不会发生变化。例如：

```
<style type="text/css">
h1{
color:blue;
text-align:center;
font-size:35px;
}
</style>
```

## 三、创建和应用外部样式表

链入式是将所有的样式放在一个或多个以.CSS为扩展名的外部样式表文件中，通过link标签将外部样式表文件链接到HTML文档中，其基本语法格式如下：

```
<head>
    <link href="CSS文件的路径"  rel="stylesheet" />
</head>
```

下面以Sublime_Text环境下创建CSS为例进行介绍，首先点击"文件"|"新建"，然后点击"保存"，将新建文档保存为扩展名为.css的文档，如图4-3-4和图4-3-5所示。

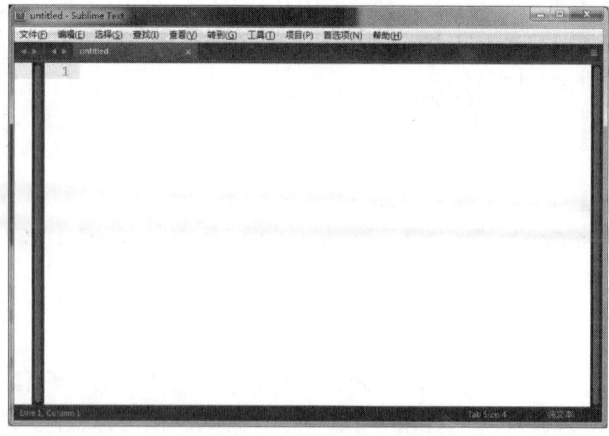

图4-3-4　新建CSS文档

图 4-3-5　CSS 文档

接下来将图 4-3-1 中的样式表内容放到新建的 base.css 文档中并保存,保存后标签上的灰色圈会变成小×,如图 4-3-6 所示。

图 4-3-6　保存 CSS 文档

最后在<head>标签内输入以下代码:

```
<link rel="stylesheet" href="base.css">
```

将刚才新建的 base.css 外部样式表应用到页面文件中,如图 4-3-7 所示。出于简化目的,链接页面 css.html 和 base.css 在同一个路径下。不过,在实践中最好将样式表统一存放在子文件夹中,常见的样式文件夹包括 css、style 等。

图 4-3-7　使用 CSS 文档

注意：link 是一个单标签。

该语法中，link 标签需要放在 head 头部标签中，并且指定 link 标签属性，具体如下：

href：定义所链接外部样式表文件的 URL，可以是相对路径，也可以是绝对路径。

rel：定义当前文档与被链接文档之间的关系，在这里需要指定为"stylesheet"，表示被链接的文档是一个样式表文件。

## 【知识小结】

为了更好地理解 CSS，将 CSS 看成两步：第一步是做个"记号"，第二步是根据记号设置样式。网页的内容和样式是分开的。"记号"便是能标识网页中某部分内容的关键字词（选择器）；而根据记号设置样式，就是根据记号设置标识的那部分内容的样式。

CSS 三种书写位置的特点见表 4-3-1。

表 4-3-1　CSS 三种书写位置的特点

| 样式表 | 优点 | 缺点 | 使用情况 | 控制范围 |
|---|---|---|---|---|
| 行内样式表 | 书写方便，权重高 | 没有实现样式和结构相分离 | 较少 | 控制一个标签（少） |
| 内部样式表 | 部分结构和样式相分离 | 没有彻底分离 | 较多 | 控制一个页面（中） |
| 外部样式表 | 完全实现结构和样式相分离 | 需要引入 | 最多，推荐 | 控制整个站点（多） |

# 任务四　运用 CSS 选择器进行段落修饰

## 【任务描述】

一个网页的外观是否优美，很大程度上取决于页面的排版和修饰。在 HTML 中段落主要由<p>、<br>等定义。<p>标签所标识的文字，代表同一个段落的文字。下一个<p>标签的开始就意味着上一个<p>标签的结束。<br>标签表示强制换行，换行标签是一个没有结尾的标签，即无结束标签，此类标签称之为单标签，也叫空标签。在任何位置使用了<br>标签，当文件显示在浏览器时，该标签之后的内容将显示在下一行。

## 【实施说明】

在 Sublime_Text 中新建一段落，运用 CSS 选择器，快速选择让段落中添加首行缩进两个字符。

## 【实现步骤】

### 一、CSS 基础选择器

1. 标签选择器（元素选择器）

标签选择器是指用 HTML 标签名称作为选择器，按标签名称分类，为页面中某一类标签指定统一的 CSS 样式。其基本语法格式如下：

标签名 {属性 1:属性值 1; 属性 2:属性值 2; 属性 3:属性值 3; }

标签选择器最大的优点是能快速为页面中同类型的标签统一样式，同时这也是它的缺点，不能设计差异化样式。

标签选择器可以把某一类标签全部选择出来，如<div>、<span>等。

2. 类名选择器（class 选择器）

类名选择器使用"."（英文点号）进行标识，后面紧跟类名，其基本语法格式如下：

·类名 {属性 1:属性值 1; 属性 2:属性值 2; 属性 3:属性值 3; }

标签调用的时候用 class="类名"即可。

类选择器最大的优势是可以为元素对象定义单独或相同的样式。

可以选择一个或者多个标签。

类名命名规则：

（1）长名称或词组可以使用中横线来为选择器命名。

（2）不建议使用"_"下划线来命名 CSS 选择器。

（3）不要纯数字、中文等命名，尽量使用英文字母来表示。

我们可以给标签指定多个类名，从而达到更多的选择目的。同一个标签调用多个类名只需要在类名之间以空格隔开。示例如下：

CSS 样式部分：

```
<style>
    .pink {
       color: pink;
    }
    .fontWeight {
       font-weight: 700;
    }
    .font20 {
       font-size: 20px;
    }
    .font14 {
       font-size: 14px;
    }
</style>
```

HTML 结构部分：

```
<body>
    <div class="pink fontWeight font20">刘备</div>
    <div class="font20">张飞</div>
    <div class="font14 pink">关羽</div>
    <div class="font14">貂蝉</div>
</body>
```

3. ID 选择器

id 选择器使用"#"进行标识，后面紧跟 id 名，其基本语法格式如下：

```
#id 名    {属性 1:属性值 1; 属性 2:属性值 2; 属性 3:属性值 3; }
```

类选择器（class）好比人的名字，可以多次重复使用的，如张伟、王伟、李伟、李娜；而 id 选择器好比人的身份证号码，是唯一的，不得重复，在页面中只能使用一次。

4. 通配符选择器

通配符选择器用"*"号表示，它是所有选择器中作用范围最广的，能匹配页面中所有的元素。其基本语法格式如下：

```
* { 属性 1:属性值 1; 属性 2:属性值 2; 属性 3:属性值 3; }
```

使用通配符选择器定义 CSS 样式，清除所有 HTML 的默认内外边距，代码如下：

```
* {
    margin: 0;                      /* 定义外边距*/
    padding: 0;                     /* 定义内边距*/
}
```

## 二、CSS 复合选择器

CSS 复合选择器是由两个或多个基础选择器，通过不同的方式组合而成的，目的是可以选择更准确、更精细的目标元素标签。

### 1. 交集选择器

交集选择器由两个选择器构成，其中第一个为标签选择器，第二个为 class 选择器，两个选择器之间不能有空格，如 div.one,选择一个 class 类名等于 one 的 div 元素。

交集选择器的语法如图 4-4-1 所示。

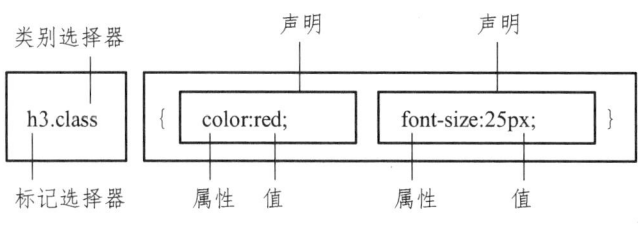

图 4-4-1　交集选择器

示例代码如下：

```
<!DOCTYPE html>
<html lang="zh-CN">
<head>
 <meta charset="UTF-8">
 <title>交集选择器</title>
    <style>
        div.blue{/*交集选择器，既是 div 又叫 blue，满足条件，用得较少，特殊情况使用*/
color: blue;
        }
    </style>
</head>
<body>
    <div>交集选择器</div>
```

```
        <div>交集选择器</div>
        <div class="blue">交集选择器</div>        /*选中这句会变蓝*/
        <p>交集选择器</p>
        <p>交集选择器</p>
        <p class="blue">交集选择器</p>
</body>
</html>
```

#### 2. 并集选择器

并集选择器是各个选择器通过逗号连接而成的，任何形式的选择器（包括标签选择器、class 类选择器、id 选择器等），都可以作为并集选择器的一部分。它用于共同声明相同的 CSS 样式。

并集选择器的语法如图 4-4-2 所示。

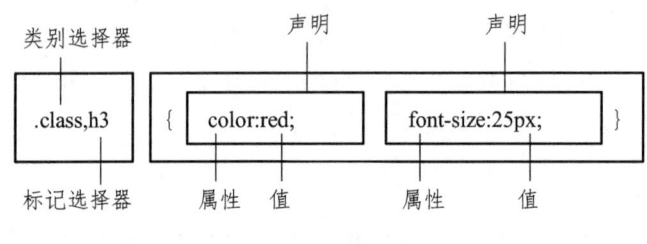

图 4-4-2　并集选择器

#### 3. 后代选择器

后代选择器又称为包含选择器，用来选择元素或元素组的后代，其写法就是把外层标签写在前面，内层标签写在后面，中间用空格分隔，即内层标签就成为外层标签的后代。

后代选择器的语法如图 4-4-3 所示。

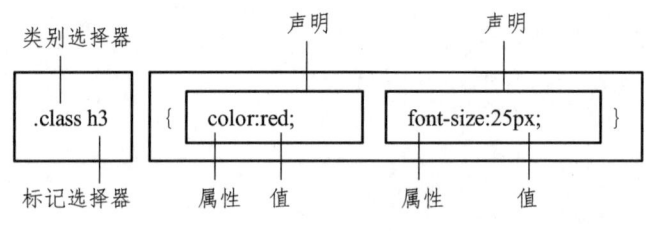

图 4-4-3　后代选择器

案例：根据结构把所有的"秋香"选出来变成粉红色。

结构部分：

```
<body>
    <div>熊大熊二</div>
    <div>蜡笔小新</div>
    <div>小猪佩奇</div>
```

```
        <div>
            <p>秋香</p>
        </div>
        <div>
            <p>秋香</p>
        </div>
        <div>
            <p>秋香</p>
        </div>
        <div >
            <p>秋香</p>
        </div>
            <p>唐伯虎</p>
    <p>唐伯虎</p>
</body>
```

样式部分：

```
<style>
    div   p {
        color: pink;    /*后代选择器 p 一定是 div 后代*/

    }
</style>
```

4. 子代选择器

子元素选择器只能选择作为某元素子元素的元素。其写法就是把父级标签写在前面，子级标签写在后面，中间跟一个"＞"大于符号进行连接。注意：符号左右两侧各保留一个空格。

子代选择器的语法如图 4-4-4 所示。

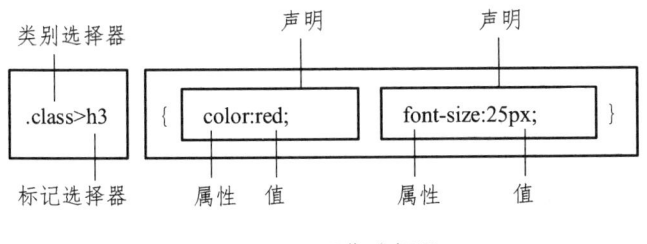

图 4-4-4　子代选择器

这里的"子"指的是"class 直属下一级元素"关系，可以看作儿子辈，不包含孙子、重孙子之类。例如，.demo ＞ h3 {color: red;} 说明 h3 一定是 demo 的下一级元素。demo 元素包含着 h3。

### 三、CSS 结构伪类选择器

伪类是指不需要显示声明的类，而是页面自带的一些类。表 4-4-1 所示为结构伪类选择器。

表 4-4-1　结构伪类选择器

| 选 择 符 | 简 介 |
| --- | --- |
| E: first-child | 匹配父元素中的第一个子元素 E |
| E: last-child | 匹配父元素中最后一个 E 元素 |
| E:nth-child(n) | 匹配父元素中的第 n 个子元素 E |
| E:first-of-type | 指定类型 E 的第一个 |
| E:last-of-type | 指定类型 E 的最后一个 |
| E:nth-of-type(n) | 指定类型 E 的第 n 个 |

注：（1）n 可以是数字、关键字和公式；

（2）n 如果是数字，就是选择第 n 个；

（3）常见的关键词有 even（偶数）和 odd（奇数）；

（4）常见的公式（如果 n 是公式，则从 0 开始计算）见表 4-4-2；

表 4-4-2　结构伪类选择器 n

| 公 式 | 取 值 |
| --- | --- |
| 2n | 偶数 |
| 2n+1 | 奇数 |
| 5n | 5、10、15… |
| n+5 | 从第 5 个开始（包含第 5 个）到最后 |
| −n+5 | 前 5 个（包含第 5 个）… |

（5）结构伪类选择器就是选择第 n 个；

（6）nth-child 从所有子级开始算的，可能不是同一种类型；

（7）nth-of-type 是指定同一种类型的子级，如 ul li:nth-of-type(2) 是选择第 2 个 li；

（8）关于 nth-child（n），我们需要知道 n 是从 0 开始计算的，要记住常用的公式。

操作步骤：

（1）新建一个 HTML 文档，将工匠精神内涵的文字素材放到页面中，预览效果如图 4-4-5 所示。

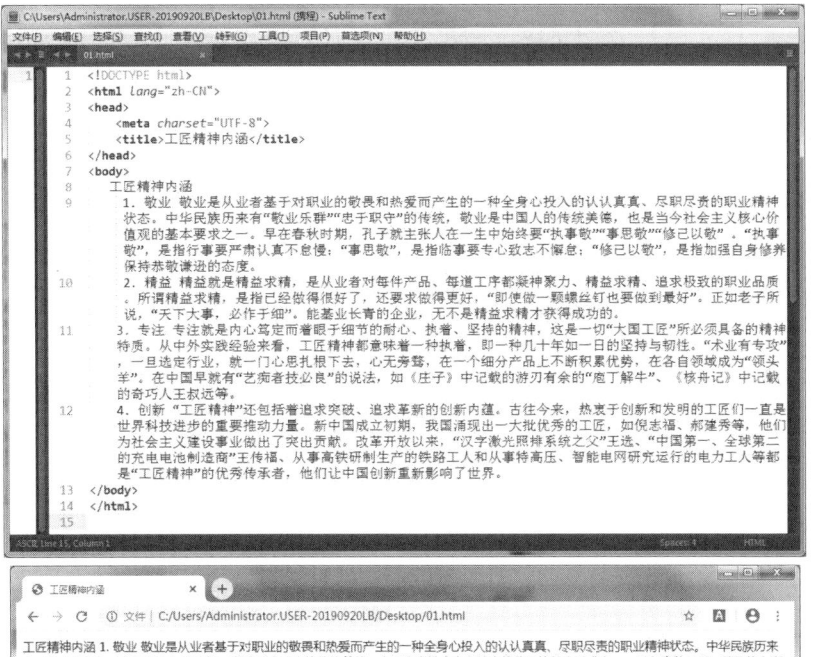

图 4-4-5　未修饰前

（2）分别在相应的位置添加上<p>、</p>和<h1></h1>标签。效果如图 4-4-6 和图 4-4-7 所示。

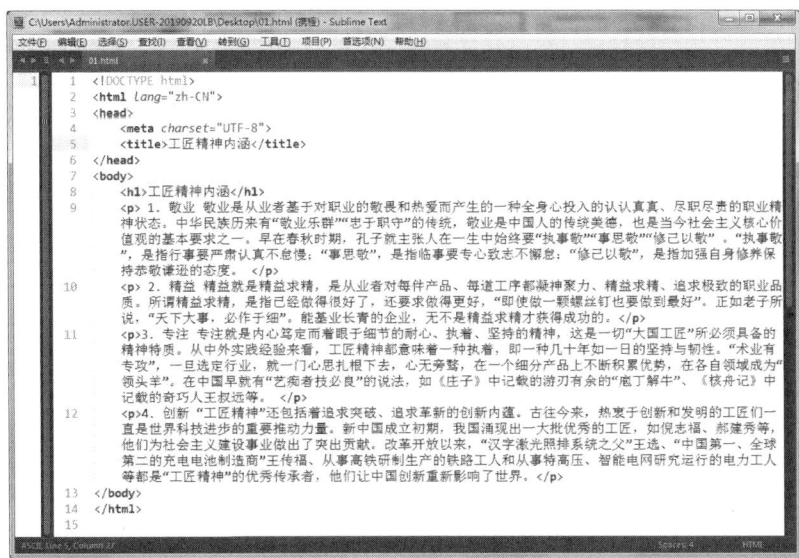

图 4-4-6　增加<p>标签

图 4-4-7 增加<p>标签后效果

（3）为使标题文字居中，每一段文字前首行缩进两个字符，在样式表中选择标签选择器：

```
h1{
    text-align: center;
}
p{
    text-indent: 2em;
}
```

编辑后效果如图 4-4-8 所示。

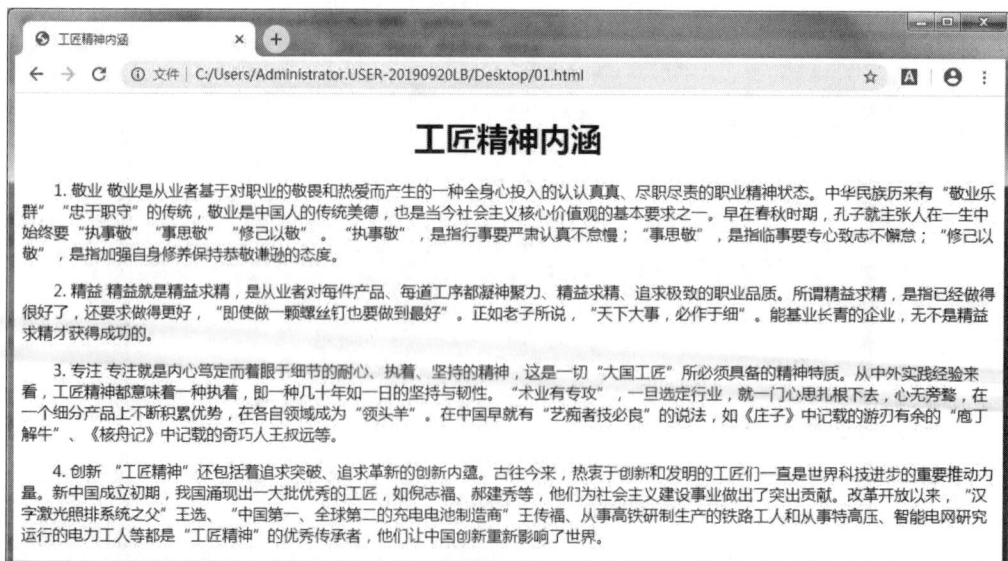

图 4-4-8 增加首行缩进后效果

另外大家也可以试一试使用结构伪类选择器尝试让偶数段落变化字体颜色。

## 【知识小结 】

自动首行缩进两个字符：可以在每段前的<p>标签中加入<p style="text-indent:2em">，但是行内式只能控制一个标签。现在我们学会了 CSS 选择器，就可以方便设置所需样式了。因为之前已用<p>、</p>标签标注了段落，这样做的优点是无须在每一段前重复添加代码就可以达到首行缩进两个字符的效果。

# 项目五　图像处理与网页排版

## 【项目简介】

在网页界面设计中，选择适当的图形图像能更好地突出主题，对内容起到一定的说明作用。同时，图形图像有别于文字语言艺术，它通过视觉上的形、色来表述内心情感，利用可视的形象来让浏览者产生联想，从而进一步烘托和深化主题。合理的网页排版就是将网站网页上各种元素（如文字、图片、图形等）进行位置、大小调整，使布局清晰明了。

网页排版能够使用户在很快的时间内找到自己想要的信息，而且也能给用户更好的视觉效果；能够让整个网站看起来风格统一，搭配合理；合理的布局也更符合用户的阅读习惯，如文字清晰、间距合适、文字适中，呈现出舒服的阅读感受。

## 【学习目标】

（1）了解网页中常用的图片格式。
（2）掌握批量处理图像技术。
（3）掌握图文混排与背景图像的使用。
（4）学会定位的运用。

# 任务一　认识网页中常用的图像格式

## 【任务描述】

网页中常用的图片格式有三种：JPEG、GIF、PNG。不同的图片需要选择不同的存储格式，这样能够避免由于图片格式错误而造成页面性能下降。

## 【实施说明】

在网页设计中会用到许多图片。需要用户根据不同图片的实际情况以及图片的大小、种类和下载速率来选择具体的存储格式。

## 【实现步骤】

### 一、网站常用的图片格式

在网站设计中，常用的图片格式有三种：JPEG、GIF、PNG。然而它们三者之间的用途是不尽相同的。图片类型对比如表 5-1-1 所示。图片效果对比如图 5-1-1 所示。

| 类型 | 压缩方式 | 色彩通道 | 透明度 | 是否支持动画 | 压缩算法 | 多图层 |
|---|---|---|---|---|---|---|
| PNG-8 | 无损 | 索引 256 色 | 索引全透明 | 无 | 逐行扫描 | 无 |
| PNG-24 | 无损 | 真彩 16.7M | Alpha 半透明（IE6 背景灰色） | 无 | 逐行扫描 | 无 |
| PNG-32 | 无损 | 真彩 16.7M | Alpha 半透明（IE6 背景灰色） | 无 | 逐行扫描 | Firework 中可编辑 |
| GIF | 无损 | 索引 256 色 | 索引全透明 | 支持 | 逐行扫描 | 无 |
| JPG | 有损 | 真彩 16.7M | 无 | 无 | 8×8 | 无 |

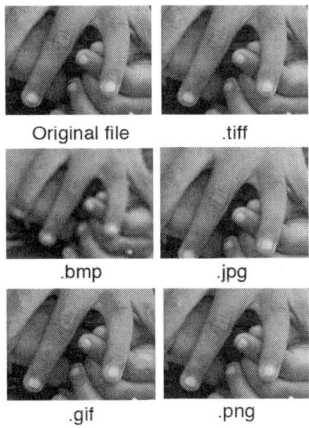

图 5-1-1　图片效果对比

## 二、矢量图和位图

矢量图是组成图形的一些基本元素，如点、线、面、边框、填充色等信息通过计算的方式来显示图形的。矢量图的优点在于文件相对较小，并且放大缩小不会失真。缺点是这些几何图形很难表现自然度高的写实图像。

我们在 Web 页面上使用的图像都是位图。即便有些称为矢量图形，也是指通过矢量工具进行绘制然后再转成位图格式在 Web 上使用。

位图又叫像素图或栅格图，它是通过记录图像中每个点的颜色、深度透明度等信息来存储和显示图像。一张位图就好比一张大的拼图，只不过每个拼块都是一个纯色的像素点，当我们把这些不同颜色的像素点按照一定规律排列在一起时，就形成了我们所看到的图像。所以，当我们放大一幅像素图时，能看到这些图片的像素点。

位图的优点是利于显示色彩层次丰富的写实图像。缺点是文件大小较大，放大和缩小图像会失真。

## 三、有损压缩与无损压缩

有损压缩就是在存储图像时并不完全真实地记录图像上每个像素点的数据信息，它会根据人眼观察现实世界的特性（人眼对光线的敏感度比对颜色的敏感度要高）对图像数据进行处理，去掉那些图像上会被人眼忽略的细节，然后使用附近的颜色通过渐变或其他形式进行填充。这样既能大大降低图像信息的数据量，又不会影响图像的还原效果。

JPG 是最常见的采用有损压缩对图像信息进行处理的图片格式。JPG 在存储图像时会把图像分成 $8 \times 8$ 像素的栅格，然后对每个栅格的数据进行压缩处理，当我们放大一张图像的时候，就会发现这些 $8 \times 8$ 像素栅格中很多细节信息被删除了，并通过一些特殊算法用附近的颜色进行了填充。这也是为什么我们用 JPG 存储图形有时会产生块状模糊的原因。

无损压缩则是真实地记录图像上每个像素点的数据信息，但为了压缩图像文件的大小会采用一些特殊的算法。无损压缩的压缩原理是先判断图像上哪些区域的颜色是相同的，哪些是不同的，然后把这些相同的数据信息进行压缩记录（例如，一片蓝色的天空只需要记录起点和终点的位置就可以了），而把不同的数据另外保存（例如，天空上的白云和渐变等数据）。

PNG 是我们最常见的一种采用无损压缩的图片格式。无损压缩在存储图像前会先判断图像上哪些地方是相同的，哪些地方是不同的。为此需要对图像上所有出现的颜色进行索引，我们把这些颜色称为索引色。索引色就好比绘制这幅图的"调色板"，PNG 在显示图像的时候则会用"调色板"上的这些颜色去填充相应的位置。这就意味着只有在图像上出现的颜色数小于可以索引的颜色数时，才能真实地记录和还原图像，否则就会丢失一些图像信息（PNG-8 最多只能索引 $2^8$ 即 256 种颜色，所以对于颜色较多的图像不能真实还原；PNG-24 格式最多可以保存 $2^{24}$ 即 1600 多万种颜色，基本能够真实还原我们人类肉眼可以分别的所有颜色）。而对于有损压缩来说，不管图像上的颜色多少，都会损失图像信息。

## 【知识小结】

每种图片格式都有各自的优缺点，并没有最好的图片格式可以适应所有场景。PNG、JPEG、GIF 是 Web 最友好的三种图片格式。当用户需要图片较小，比如在线上传文件时，如果不介意牺牲点图片质量，JPEG 是一个不错的选择。如果用户需要较小的图片，同时又想保证图片的质量，可以使用 PNG。GIF 是最差的选择，虽然它的文件非常小，加载非常快，但其在很多情况下色彩失真严重。当然，如果用户想增加动画效果，无疑使用 GIF 格式比较合适。

# 任务二　批量处理图像的尺寸、水印等

## 【任务描述】

在网页制作过程中，常常需要对一些图片或照片进行批量处理，譬如修改尺寸、批量转换格式、批量改名、批量添加水印等。对于经常有大量图片、照片要批量处理的人来说，一款简单实用的图片批处理工具会节约大量时间，从而提高工作效率。

## 【实施说明】

目前常用的支持批处理的软件有 Photoshop、ACDCsee、美图秀秀、光影魔术手等，这里以美图秀秀为例进行讲解。

## 【实现步骤】

美图秀秀的图像批处理：

首先，打开美图秀秀，打开插件"批处理"，添加多张图片或文件夹，如图 5-2-1 所示。

图 5-2-1　打开"批处理"

选择要处理的图片并打开，在软件右侧上方则会出现修改尺寸、重命名、更多等功能。值得注意的是，点击"更多"功能后可以选择批量修改文件格式，美图秀秀提供了 JPG 和 PNG 两种格式。通过下方的修改画质功能，可改变图片的画面质量，同时随着画质参数的降低，文件的大小也随即减小，如图 5-2-2 所示。

图 5-2-2　修改画质

水印添加：美图秀秀软件支持两种水印添加模式，即图片水印、文字水印，如图 5-2-3 所示。

图 5-2-3　水印添加

图片水印的添加方法：点击"水印"功能，在弹出的功能选项中点击"导入水印"功能，选择水印文件，一般图片水印文件为 PNG 格式透明状态。导入水印后可调节大小、角度（旋转）、透明度、位置等信息，如图 5-2-4 所示。

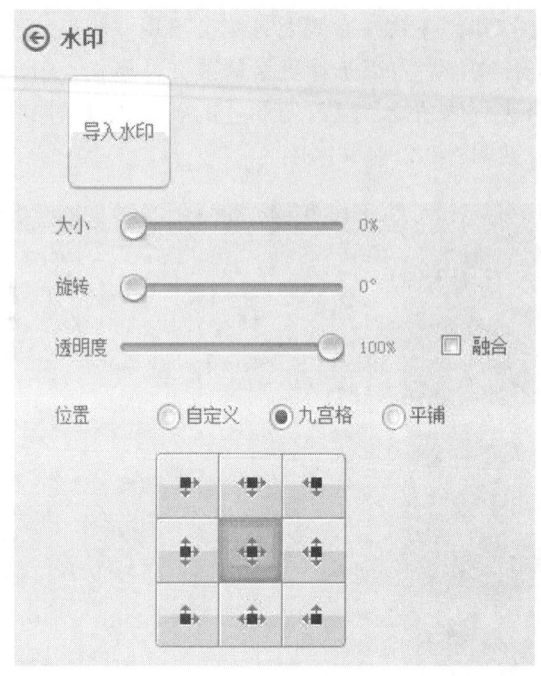

图 5-2-4　图片水印的添加方法

　　文字水印的添加方法：点击功能框中的"文字"，在弹出的功能框中输入"水印文字"。该功能支持字体、字号、粗体、阴影、透明度、角度、位置等功能的选择，而且也可以直接在左侧预览窗口中灵活拖动，如图 5-2-5 所示。

图 5-2-5　文字水印的添加方法

美图秀秀图片批处理工具中还提供其他功能，本书就不再一一列举，读者可根据实际需要进行尝试。

## 【知识小结】

美图秀秀有丰富实用的图片处理功能，其界面也非常直观简单，即便是新手也能轻易上手。对于有批量图像调整需求的人来说，美图秀秀是一款值得收藏的好工具。

# 任务三　图文混排与背景图像

## 【任务描述】

在设计 Web 页面的过程中，经常需要实现图文并茂的显示效果，同时需要对文本和图片进行混排对齐处理。

## 【实施说明】

在 CSS 技术中，通常使用浮动元素和 text-indent 属性来实现图文的混排处理效果。在下面的内容中，将对上述两种方法的实现过程进行详细介绍。

## 【实现步骤】

### 一、使用浮动元素

在 CSS 中，可以通过在文本中插入浮动元素的方法实现图文混排的效果。浮动的元素不占位置，但是它不能压住下面的图片和文字。参考代码和效果如图 5-3-1 所示。

```
<style>
    * {
        margin: 0;
        padding: 0;
    }

    body {
        background-color: skyblue;
    }

    h2 {
        text-align: center;
        margin: 10px auto;          /*标题部分居中*/
    }

    p {
        margin-bottom: 5px;
```

```
            text-indent: 2em;          /*每段首行缩进*/
        }

        img {
            width: 400px;
            float: right;              /*图片左浮动*/
        }
    </style>
```

```html
<body>
    <h2>从技校生到技能大师 "大国工匠"卢兴福 24 年的砥砺之路</h2>
    <hr>
    <img src="gongjiangrenwu.jpg" alt="">
```

<p>卢兴福，这个从一线里成长起来的"大国工匠"，作为全国劳动模范代表，2019 年 10 月 1 日，应邀在北京天安门观礼台观看庆祝中华人民共和国成立 70 周年大会。他一心扎根检修班组，从技校生成长为技能大师，一路钻研，不断超越，领取了我国高技能人才最高奖——中华技能大奖。他还是电力行业的"发明家"，工作 24 年，研发的 25 项创新成果，90%都已经在运用实际工作，创造价值超过 1000 万元。</p>

<p>时钟拨回到 24 年前，那是 1996 年，22 岁的卢兴福技校毕业后，成为一名变电检修工，一干就是 24 年。卢兴福将那段日子当作打基础、勤积累的好机会。白天在各个现场奔波，一有不懂就向人请教，晚上或研读技术书籍，或总结一日所学。工作第二年，他就因为仅用时 15 分钟"搞定"一个其他老师傅琢磨很长时间都没有处理的设备缺陷，收获了钻研的信心。没过多久，在一次断路器设备故障处理中，卢兴福自己动手组装的新设备，比外地厂家报价便宜了 4 倍。</p>

<p>从 1 米多到 12 米高的电力开关设备，卢兴福 24 年来参与检修、抢修的高压电力开关累计达到 5000 余台次，相当于每天维修接近 1 台次。从掌握原理开始，到结合现场不断总结，积累了 600 多页病历卡作为检修"秘籍"，他成为了仅凭电话就能诊断问题、指导解决的"设备神医"。</p>

<p>就这样，在不断钻研中，卢兴福完成了从一名"愣头青"到行内专家的蜕变。</p>

<p>在卢兴福的办公桌上，摆着《机械设计原理》《金属材料》等各方面专业书籍，他仍在实践中不断充电。"设备更新换代很快，不加强学习，不懂设备原理，就谈不上精益求精。"卢兴福认为，定位很重要，只有认清自身存在的不足，才知如何提升。</p>

<p>为了搞好工作，除了努力学习专业知识外，他还坚持学习高电压技术、材料、力学、机械及传动原理等学科。一路走来，专业书籍从来没有离开过他。如今，他所研读书籍的高度，已经超过他的身高。</p>

<p>24 年来，电网和设备发生了日新月异的变化，身边的同事也是来来往往，其间卢兴福婉言拒绝了很多次领导推荐的"更好"去处。他说，我不能总活在光环之下，身在一线，就要把根扎下来。</p>

```html
    </body>
```

从技校生到技能大师 "大国工匠"卢兴福24年的砥砺之路

卢兴福，这个从一线里成长起来的"大国工匠"，作为全国劳动模范代表，2019年10月1日，应邀在北京天安门观礼台观看庆祝中华人民共和国成立70周年大会。他一心扎根检修班组，从技校生成长为技能大师，一路钻研，不断超越，领取了我国高技能人才最高奖——中华技能大奖。他还是电力行业的"发明家"，工作24年，研发的25项创新成果，90%都已经在运用实际工作，创造价值超过1000万元。

时钟拨回到24年前，那是1996年，22岁的卢兴福技校毕业后，成为一名变电检修工，一干就是24年。卢兴福将那段日子当作打基础、勤积累的好机会，白天在各个现场奔波，一有不懂就向人请教，晚上或研读技术书籍，或总结一日所学。工作第二年，他就因为仅用时15分钟"搞定"一个其他老师傅琢磨很长时间都没有处理的设备缺陷，收获了钻研的信心。没过多久，在一次断路器设备故障处理中，卢兴福自己动手组装的新设备，比外地厂家报价便宜了4倍。

从1米多到12米高的电力开关设备，卢兴福24年来参与检修、抢修的高压电力开关累计达到5000余台次，相当于每天维修接近1台次。从掌握原理开始，到结合现场不断总结，积累了600多页病历卡作为检修"秘籍"，他成为了仅凭电话就能诊断问题、指导解决的"设备神医"。

就这样，在不断钻研中，卢兴福完成了从一名"愣头青"到行内专家的蜕变。

在卢兴福的办公桌上，摆着《机械设计原理》《金属材料》等各方面专业书籍，他仍在实践中不断充电。"设备更新换代很快，不加强学习，不懂设备原理，就谈不上精益求精。"卢兴福认为，定位很重要，只有认清自身存在的不足，才知如何提升。

为了搞好工作，除了努力学习专业知识外，他还坚持学习高电压技术、材料、力学、机械及传动原理等学科。一路走来，专业书籍从来没有离开过他。如今，他所研读书籍的高度，已经超过他的身高。

24年来，电网和设备发生了日新月异的变化，身边的同事也是来来往往，其间卢兴福婉言拒绝了很多次领导推荐的"更好"去处。他说，我不能总活在光环之下，身在一线，就要把根扎下来。

图 5-3-1 图文混排右浮动

## 二、使用属性 text-indent

属性 text-indent 也可以实现图文混排效果。text-indent 一般用于文本块中首行文本的缩进，最常用于文章段落自动缩进。text-indent 允许使用负值。样式部分 CSS 参考代码和效果如图 5-3-2 所示。

```
<style>
  * {
    margin: 0;
    padding: 0;
  }

  body {
    background-color: skyblue;
  }

  h2 {
    text-align: center;
    margin: 10px auto;          /*标题部分居中*/
  }

  p {
    margin-bottom: 5px;
```

```
            text-indent: -100px; /*每段首行缩进为-100px 时，向图片方向延伸*/
        }


        img {
            width: 400px;
            float: left;        /*图片左浮动*/
        }
    </style>
```

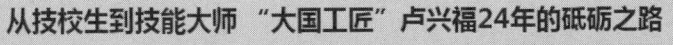

图 5-3-2　text-indent 图文混排效果


## 三、背景设置

现在使用大幅图片作为网页背景已经成为某些网站设计的趋势。如果想要设计这种风格的网站，需要注意以下几点：

（1）一张全屏、高质量的图片的大小是非常大的，会造成加载网页速度变慢，需要权衡利弊。

（2）在使用背景图片之前，需要研究平均屏幕分辨率的问题。最好的方法是使用一些分析软件去查看已经存在的网站，如 Google Analytics，另外，还可以查看总体趋势，就目前来说，建议使用 1024 × 768 或 1200 × 800 的尺寸。

（3）不能忽略移动设备，可以使用@media query 来为移动设备设置 320 × 480 的背景图片。

（4）使用高质量的图片缩小要比低质量的图片放大效果要好得多。如果准备在所有的设备上都使用同一张背景图片，那么建议使用一张高质量的图片来做背景图片。

（5）通常情况下，不要使用CSS来改变背景图片的宽高比，也就是说，不要为了填充整个屏幕而改变图片的比例，可以在空白部分使用background-color来填充某些颜色。

（6）记住这样一条规则：选择的图片的内容一定要清晰可见。

记住上面这些注意事项，使用CSS来动态改变背景图片的大小是一件非常容易的事情。读者可以通过CSS3的一个属性background-size来完成这项工作。

当在页面上使用background-size时，设置值为cover，可以动态缩放图片，使图片总是占据屏幕的最大宽度和高度。background-size:cover属性的一个缺点是低版本的浏览器不支持它。在低版本的浏览器上需要一个替代方案，可以设置背景图片宽度为100%。

另外，可以使用background-size:contain来设置背景图片，它会将图片完全显示。

选择以上的哪种方案来制作背景图像，用户需要仔细考虑。不管选择哪一种，用户都需要为背景设置一个background-color来作为背景色填充某些空白区域。这也是在图片加载失败时的一种回退方法。

背景设置值的含义见表5-3-1。

表5-3-1　背景设置值的含义

| 值 | 描　　述 |
| --- | --- |
| background-color | 规定要使用的背景颜色 |
| background-position | 规定背景图像的位置 |
| background-size | 规定背景图片的尺寸 |
| background-repeat | 规定如何重复背景图像 |
| backgroung-origin | 规定背景图片的定位区域 |
| background-clip | 规定背景的绘制区域 |
| background-attachment | 规定背景图像是否固定或者随着页面的其余部分滚动 |
| background-image | 规定要使用的背景图像 |

## 1. 背景颜色（background-color）

语法：

```
background-color:属性；
```

用法：

```
body {
background-color:yellow; /*可以用颜色的英文单词表示*/
}
h1 {
background-color:#00ff00; /*可以用十六进制表示*/
}
p {
 background-color:rgb(255,0,255); /*可以用 rgb(red green blue 0~255 取值范围表示*/
}
```

背景颜色设置值的含义见表 5-3-2。

表 5-3-2　背景颜色设置值的含义

| 值 | 描　述 |
| --- | --- |
| color_name | 规定颜色值为颜色名称的背景颜色（如 red） |
| hex_number | 规定颜色值为十六进制值的背景颜色（如#ff0000） |
| rgb_number | 规定颜色值为 gb 代码的背景颜色[如 rgb（255,0,0）] |
| transparent | 默认。背景颜色为透明 |
| inherit | 规定应该从众元素继承 background-cor 属性的设置 |

2. 背景渐变（linear-gradient）

语法：

```
background: linear-gradient(direction, color1, color2 [stop], color3...);
```

direction：表示线性渐变的方向。

（1）渐变方向。

to left：设置渐变为从右到左。

to bottom：设置渐变从上到下。这是默认值。

to right：设置渐变从左到右。

to top：设置渐变从下到上。

也可以是 to left top、to left bottom、to right top、to right bottom 四个对角线方向。

（2）方向起点。

top：设置渐变从上到下。这是默认值。

bottom：设置渐变从下到上。

left：设置渐变从左到右。

right：设置渐变为从右到左。

（3）角度（angle）。

角度用数字+单位来进行表示，单位使用 deg。所有的颜色都是从中心出发，0deg 是 to top 的方向，顺时针是正，逆时针是负，如图 5-3-3 所示。

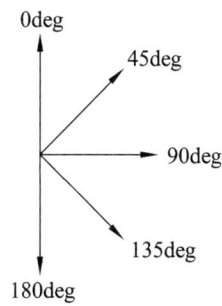

渐变的角度

图 5-3-3　背景渐变角度、方向

多个渐变颜色的实例如图 5-3-4 所示。

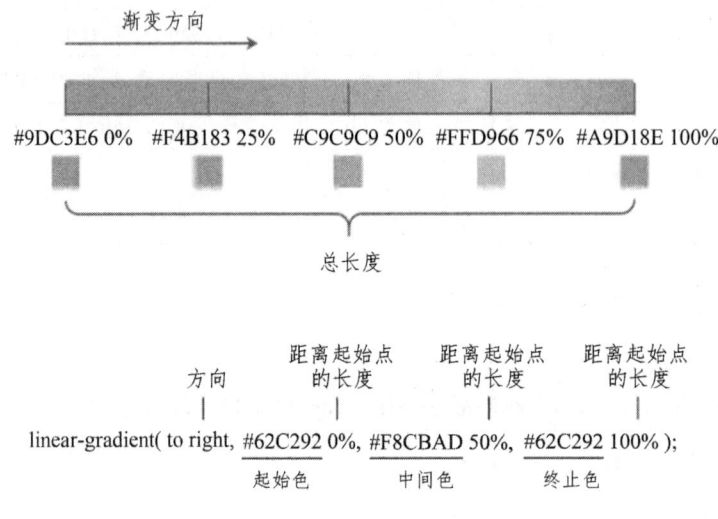

图 5-3-4　背景线性渐变多色实例

### 3. 背景图片（background-image）

语法：

```
background-image : none/url (url);
```

参数：

none：无背景图（默认的）。

url：使用绝对或相对地址指定背景图像。

background-image 属性允许指定一个图片展示在背景中（只有 CSS3 才可以多背景），可以和 background-color 连用。如果图片不重复，图片覆盖不到的地方都会被背景色填充。如果有背景图片平铺，则会覆盖背景颜色。

### 4. 背景平铺（background-repeat）

语法：

```
background-repeat : repeat/no-repeat/repeat-x/repeat-y;
```

参数：

repeat：背景图像在纵向和横向上平铺（默认的），如图 5-3-5 所示。

no-repeat：背景图像不平铺，如图 5-3-6 所示

repeat-x：背景图像在横向上平铺，如图 5-3-7 所示。

repeat-y：背景图像在纵向平铺，如图 5-3-8 所示。

设置背景图片时，默认把图片在水平和垂直方向平铺以铺满整个元素。

图 5-3-5　repeat 背景平铺

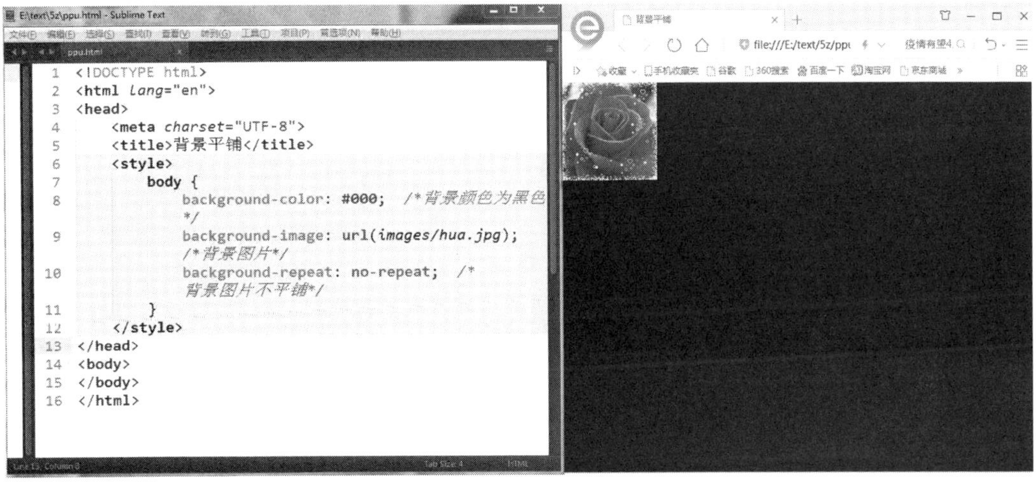

图 5-3-6　no- repeat 背景不平铺

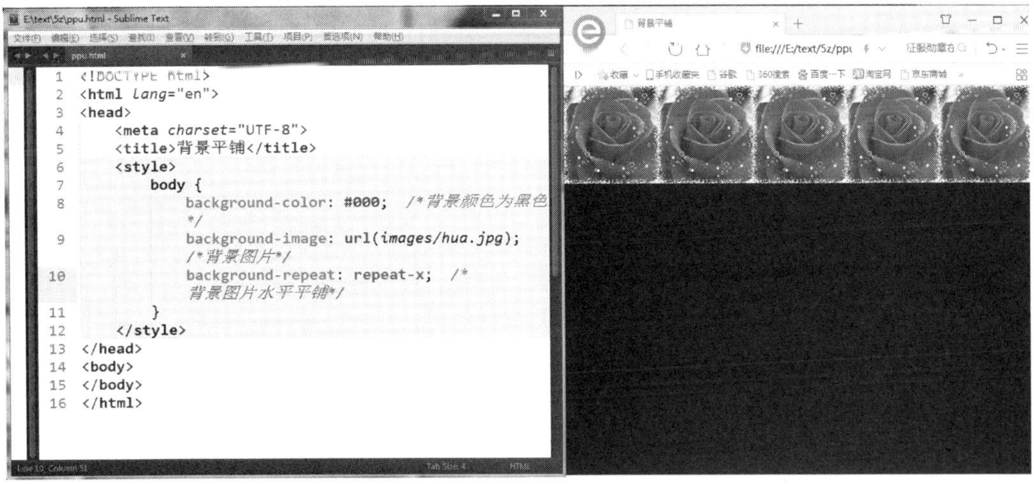

图 5-3-7　repeat-x 水平平铺

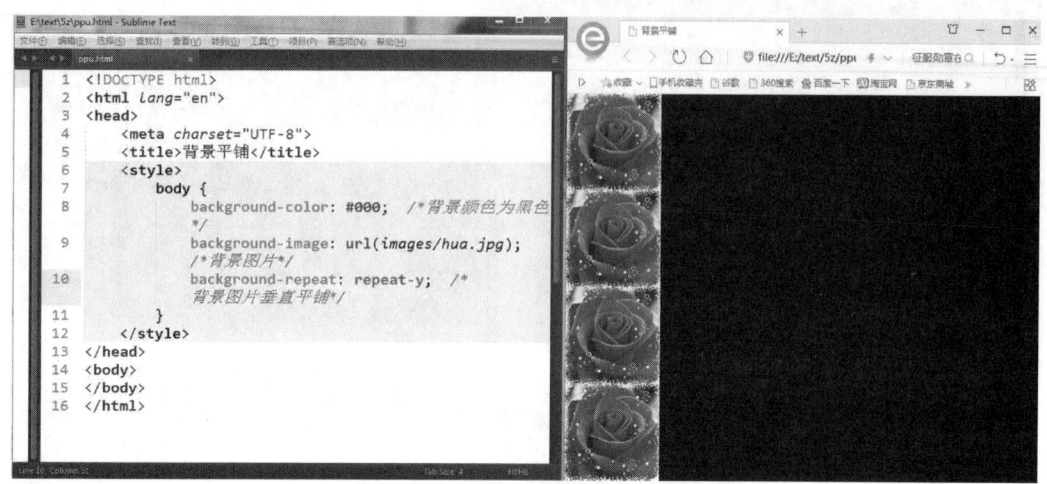

图 5-3-8　repeat-y 垂直平铺

## 5. 背景定位（background-position）

语法：

background-position : length;

background-position : position;

参数：

length：百分数/由浮点数字和单位标识符组成的长度值。

position：top/center/bottom/left/center/right。

说明：

（1）设置或检索对象的背景图像位置，必须先指定 background-image 属性。

（2）默认值为：(0% 0%)。如果只指定了一个值，该值将用于横坐标，纵坐标将默认为50%。如果指定了两个值，则第二个值将用于纵坐标，见表 5-3-3。

表 5-3-3　背景定位

| background-position | 水平（X 轴） | 垂直（Y 轴） | 说明 |
|---|---|---|---|
| center top | 居中 | 靠上 | 大图常常使用水平居中，顶部对齐 |
| right | 靠右 | 居中 | 只写一个值,另一个默认水平/垂直居中对齐 |
| 12px 50px | 12px | 50px | 距离左边 12 像素，距离上边 50 像素 |
| 10px center | 12px | 居中 | 距离左边 12 像素，垂直居中 |

## 6. 背景附着（background-attachment）

语法：

background-attachment : scroll/fixed;

参数：

scroll：背景图像随对象内容滚动。

fixed：背景图像固定。

7. 背景连写（background）

background 属性的值的书写顺序官方并没有强制标准。

为了可读性，建议大家这样书写：

background:背景颜色 背景图片地址 背景平铺 背景滚动 背景位置；

background: transparent url(image.jpg)　repeat-y　scroll 50%　0；

背景连写代码及效果如图 5-3-9 所示。

图 5-3-9　背景连写效果

在 CSS3 中可以插入多张背景图片，用逗号"，"隔开，同时还可以设置图片的位置属性。注意：先添加的背景图片会盖住后添加的背景图片，也就是越往前的背景图片层级会更高。下例中，bg-1 的层级就高于 bg-2、bg-3、bg-4 的层级。

```
body {
background: url(images/bg-1.jpeg)no-repeat left top,
        url(images/bg-3.jpg)no-repeat left bottom,
        url(images/bg-2.jpg)no-repeat right top,
        url(images/bg-4.jpg)no-repeat right bottom;

    }
```

多背景图设置如图 5-3-10 所示。

图 5-3-10　多背景图设置

## 8. 背景尺寸（background-size）

background-size 属性规定背景图像的尺寸。
语法：

```
background-size: length/percentage/cover/contain;
```

length：设置背景图像的高度和宽度。第一个值设置宽度，第二个值设置高度。如果只设置一个值，则第二个值会被设置为"auto"。

percentage：以父元素的百分比来设置背景图像的宽度和高度。第一个值设置宽度，第二个值设置高度。如果只设置一个值，则第二个值会被设置为"auto"。

cover：把背景图像扩展至足够大，以使背景图像完全覆盖背景区域。背景图像的某些部分也许无法显示在背景定位区域中。

contain：把图像扩展至最大尺寸，以使其宽度和高度完全适应内容区域，如图 5-3-11 所示。

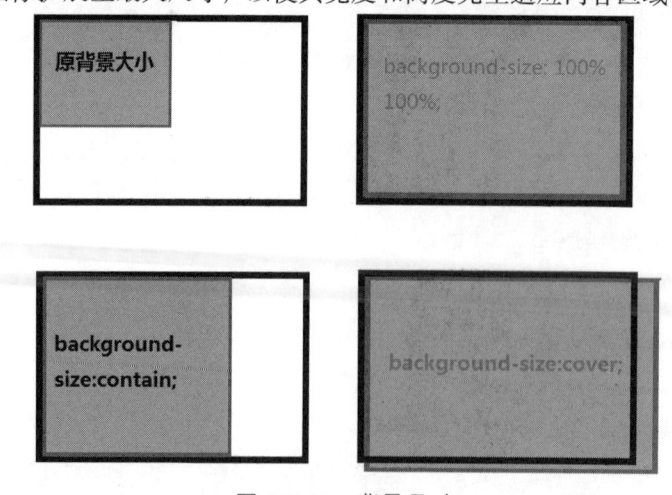

图 5-3-11　背景尺寸

## 【知识小结】

选择以上的哪种方案来制作背景图像，用户需要仔细考虑。不管选择哪一种，都需要为背景设置一个 background-color 来作为背景色填充某些空白区域。这也是在图片加载失败时的一种回退方法。

# 任务四　定位制作可以放大的相册

## 【任务描述】

在网页设计中离不开图片的展示。本任务将介绍一种由多个图片组成的相册，当鼠标经过小图片时将出现一张放大效果的图片。

## 【实施说明】

任务中需要用到的知识点：浮动、清除浮动、盒模型以及定位的内外边距。根据所提供的图片素材，将图片保存在 images 文件夹中。

## 【实现步骤】

### 一、盒模型

盒子模型就是把 HTML 页面中的元素看作是一个矩形的盒子，也就是一个盛装内容的容器。每个矩形都由元素的内容、内边距（padding）、边框（border）和外边距（margin）组成。

盒子模型（Box Model）如图 5-4-1 所示。

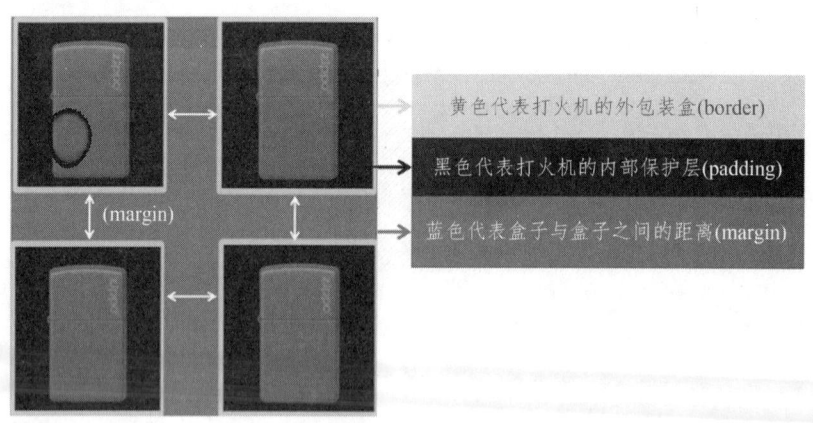

图 5-4-1　盒子模型

1. 边　框

语法：

```
border : border-width || border-style || border-color;
```

（1）上下左右边线为 1 像素红色实线：

    border: 1px solid red;

（2）上边线为 1 像素红色实线：

    border-top: 1px solid red; /*上边框*/

（3）下边线为 2 像素绿色虚线：

    border-bottom: 2px dashed green; /*下边框*/

（4）左边线为 1 像素蓝色点线：

    border-left: 1px dotted blue;

（5）右边线为 5 像素粉红色双实线：

    border-right: 5px double pink;

2. 内边距（padding）——边框与内容之间的距离

padding 属性用于设置内边距。

padding-top：上内边距；

padding-bottom：下内边距；

padding-left：左内边距；

padding-right：右内边距；

padding 后面跟一个值，代表 4 个内边距都是这个值；

padding 后面跟两个值，代表上下值、左右值；

padding 后面跟三个值，代表上值、左右值、下值；

padding 后面跟四个值，代表上值、右值、下值、左值。

例如：

```
padding:5px;              /*上下左右各有 5px 的内边距*/
padding:5px 10px;         /*上下内边距各 5px，左右内边距各 10px*/
padding:5px 10px 5px;     /*上内边距 5px，左右内边距各 10px，下内边距 5px*/
padding:5px 8px 10px 5px; /*上 5px，右 8px，下 10px，左 5px*/
```

3. 外边距（margin）——盒子与盒子之间的距离

取值用法与内边距 padding 一样。

如果想让一个盒子实现水平居中，需要满足以下两个条件：

（1）盒子必须是块级元素。

（2）盒子必须指定了宽度（width）。

```
margin:0 auto;   /*让盒子水平居中*/
```

4. 盒子阴影（box-shadow）

语法：

box-shadow：像素值 1 像素值 2 像素值 3 像素值 4 颜色值 阴影类型；

盒子阴影各参数值的含义见表 5-4-1。

表 5-4-1　盒子阴影

| 参数值 | 说　　明 |
|---|---|
| 像素值 1 | 表示元素水平阴影的位置，可以为负值（必选属性） |
| 像素值 2 | 表示元素垂直阴影的位置，可以为负值（必选属性） |
| 像素值 3 | 阴影模糊半径（可选属性） |
| 像素值 4 | 阴影扩展半径，不能为负值（可选属性） |
| 颜色值 | 阴影颜色（可选属性） |
| 阴影类型 | 内阴影（inset）/外阴影（默认）（可选属性） |

## 5. 盒子尺寸（box-sizing）

语法：

```
box-sizing:content-box/border-box;
```

content-box：定义宽度和高度，不包括 border 和 padding 值；
border-box：定义宽度和高度时，border 和 padding 包含在 width 和 height 之内。
盒子尺寸代码如图 5-4-2 所示。实际开发中如果不需要 padding 撑大盒子可以设置：

```
box-sizing:border-box;
```

```
<head>
    <meta charset="UTF-8">
    <meta name="viewport" content="width=device-width, initial-scale=1.0">
    <title>Document</title>
    <style>
        div {
            width: 300px;
            height: 100px;
            border: 10px solid #ccc;
            padding: 10px;
        }
        div:nth-of-type(1) {
            box-sizing: content-box;
        }
        div:nth-of-type(2) {
            box-sizing: border-box;
        }
    </style>
</head>
<body>
    <div>content_box属性：330px</div>
    <br>
    <div>box-sizing属性：300px</div>
</body>
```

content_box属性：330px

box-sizing属性：300px

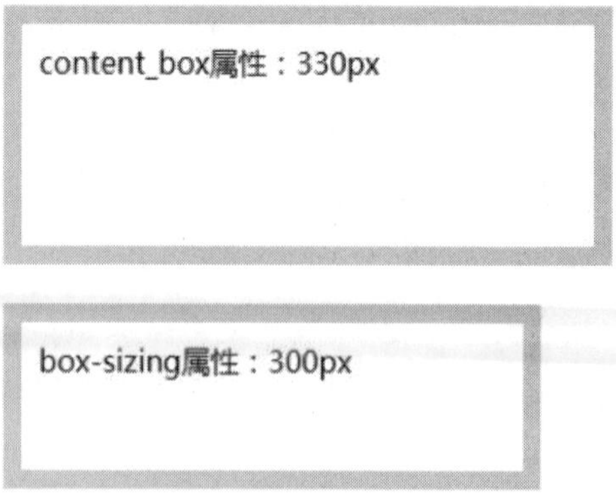

图 5-4-2　盒子尺寸

## 二、定 位

### 1. 定位的作用

（1）浮动可以让多个块级盒子在一行中没有缝隙排列显示，经常用于横向排列盒子。

（2）定位则是可以让盒子自由地在某个盒子内移动位置或者固定屏幕中某个位置，并且可以压住其他盒子，如图 5-4-3 所示。

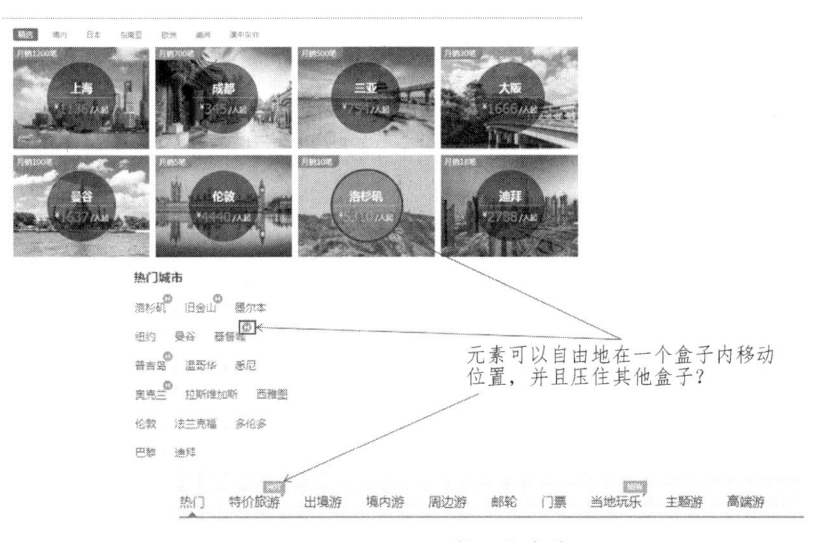

图 5-4-3　网页常见的定位

### 2. 定位的组成

定位 = 定位模式 + 边偏移。

定位模式用于指定一个元素在文档中的定位方式。边偏移则决定了该元素的最终位置。

定位模式决定元素的定位方式，它通过 CSS 的 position 属性来设置，其值可以分为四个：relative 相对定位、absolute 绝对定位、fixed 固定定位、sticky 黏性定位。

边偏移就是定位的盒子移动到最终位置。有上 top、下 bottom、左 left 和右 right 四个属性。

### 3. 相对定位 relative

相对定位：元素在移动位置时，是相对于它自己原来的位置来移动的。

语法：

```
选择器 { position: relative; }
```

相对定位的特点：

（1）它是相对于自己原来的位置来移动的（移动位置时的起点是自己原来的位置）。

（2）移动后原来在标准流的位置继续保留，后面的盒子仍然以标准流的方式对齐。

因此，相对定位并没有脱离标准流。

如图 5-4-4 所示，粉色盒子设置相对定位后，边偏移 top:100px,left:100px,起点是自己原来的位置为参照，移动后，原位置保留，对下面的盒子没有影响。

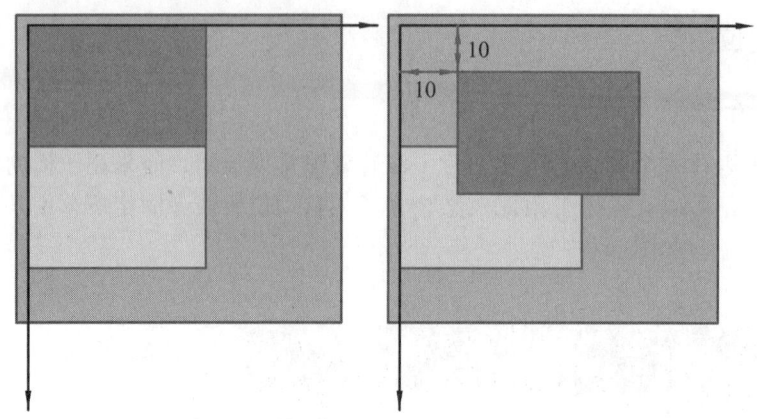

图 5-4-4 相对定位

### 4. 绝对定位 absolute

绝对定位：元素在移动位置时，是相对于它父级或（祖先级）元素来移动的。

语法：

选择器 { position: absolute; }

绝对定位的特点：

（1）如果没有祖先元素或者祖先元素没有定位，则以浏览器为准定位（Document 文档）。

（2）如果祖先元素有定位（相对、绝对、固定定位），则以最近一级的有定位的祖先元素为参考点移动位置。

（3）绝对定位不再占有原先的位置，所以绝对定位是脱离标准流的。

如图 5-4-5 所示，粉色盒子有父级元素且父级元素有定位，则设置相对定位后，边偏移以父级元素为参照，移动后原位置不保留，对后面的盒子有影响。

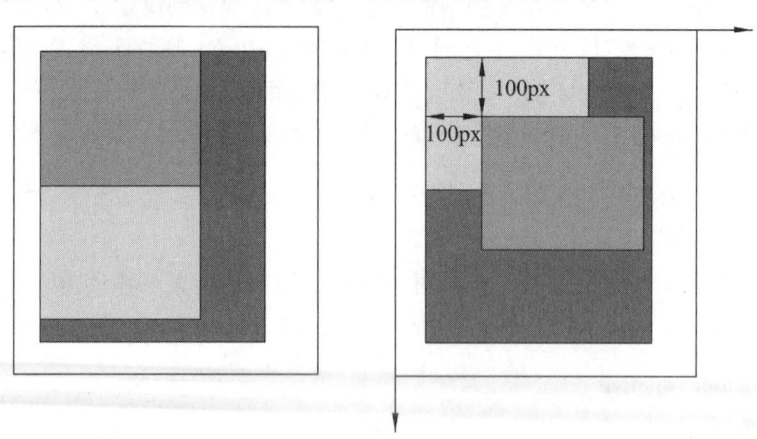

图 5-4-5 绝对定位

如图 5-4-6 所示，设置相对定位后，边偏移以浏览器为参照，移动后原位置不保留，对后面的盒子有影响。

如何让绝对定位的盒子居中呢？

加了绝对定位的盒子 margin:0 auto 水平居中失效，但是可以通过以下计算方法实现水平和垂直居中, 如图 5-4-7 所示。

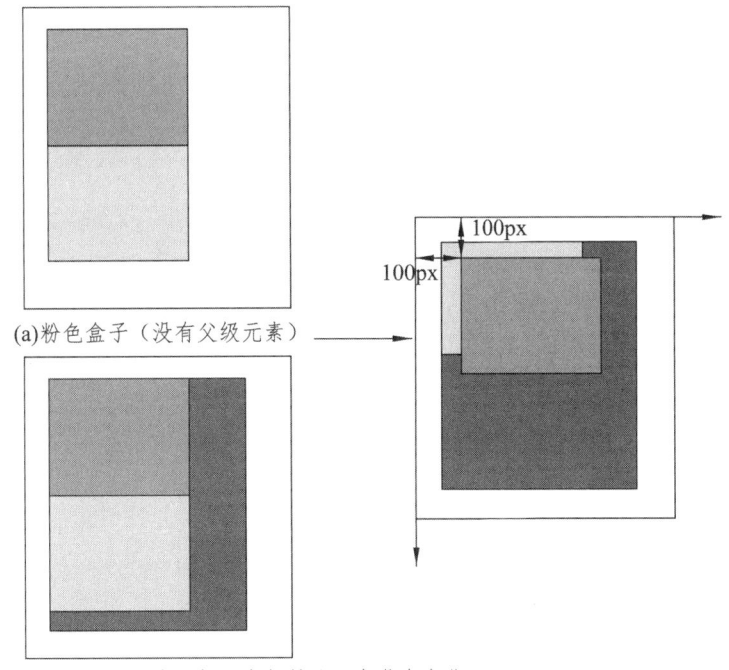

(a)粉色盒子（没有父级元素）

(b)粉色盒子（有父级元素但是父元素没有定位）

图 5-4-6  绝对定位 2

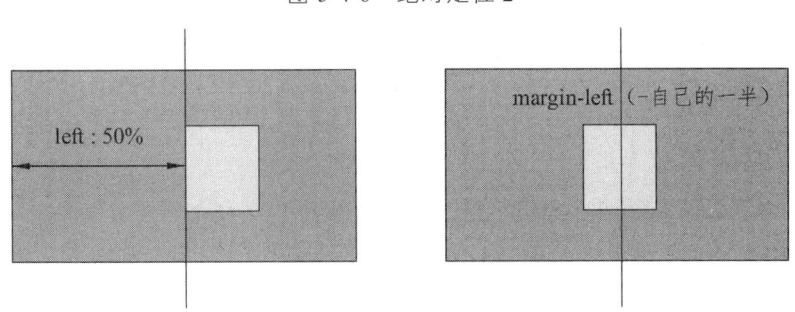

图 5-4-7  定位的盒子居中算法分析

第一步, 让边偏移 left: 50%;, 让盒子的左侧移动到父级元素的水平中心位置。第二步, margin-left: -100px;, 让盒子向左移动自身宽度的一半。

5. "子绝父相"

"子绝父相"是学习定位的口诀, 是定位中最常用的一种方式, 这句话的意思是：子级如果是绝对定位, 那么父级要用相对定位。

（1）子级是绝对定位, 不会占有位置, 可以放到父盒子里面的任何一个地方, 不会影响其他的兄弟盒子。

（2）父盒子需要加定位限制子盒子在父盒子内显示。

（3）父盒子布局时, 需要占有位置, 因此父盒子只能是相对定位。

这就是"子绝父相"的由来, 所以相对定位经常用来作为绝对定位的父级。总之记住,父级需要占有位置，因此是相对定位，子盒子不需要占有位置，则是绝对定位。

6. 固定定位 fixed

固定定位：元素固定于浏览器可视区的位置，在浏览器页面滚动时元素的位置不发生改变。

语法：

选择器 { position: fixed; }

固定定位的特点：

（1）以浏览器的可视窗口为参照点移动元素。跟父元素没有任何关系，不随滚动条滚动。

（2）固定定位不再占有原先的位置。固定定位也是脱离标准流的，其实固定定位也可以看作是一种特殊的绝对定位。

7. 黏性定位 sticky（CSS3 新增）

黏性定位可以被认为是相对定位和固定定位的混合。

语法：

选择器 { position: sticky; top: 10px; }

黏性定位的特点：

（1）以浏览器的可视窗口为参照点移动元素（固定定位特点）。

（2）黏性定位占有原先的位置（相对定位特点）。

（3）必须添加 top、left、right、bottom 其中一个才有效，跟页面滚动搭配使用。兼容性较差，IE 浏览器不支持。

8. 定位小结（见表 5-4-2）

（1）行内元素添加绝对或者固定定位，可以直接设置高度和宽度。

（2）块级元素添加绝对或者固定定位，如果不给宽度或者高度，默认大小是内容的大小。

（3）浮动元素、绝对定位（固定定位）元素都不会触发外边距合并的问题。

表 5-4-2　定位小结

| 定位模式 | 是否脱标 | 移动位置 | 是否常用 |
| --- | --- | --- | --- |
| static 静态定位 | 否 | 不能使用边偏移 | 很少 |
| relative 相对定位 | 否（占有位置） | 相对于自身位置移动 | 常用 |
| absolute 绝对定位 | 是（不占有位置） | 带有定位的父级 | 常用 |
| fixed 固定定位 | 是（不占有位置） | 浏览器可视区 | 常用 |
| sticky 黏性定位 | 否（占有位置） | 浏览器可视区 | 当前阶段少 |

注：① 一定要记住相对定位、固定定位、绝对定位的特点；

② 是否占有位置（是否脱标）；

③ 以哪里位置为基准点移动；

④ 记住口诀"子绝父相"。

另外，在使用定位布局时，可能会出现盒子重叠的情况。此时，可以使用 z-index 来控制盒子的前后次序（z 轴）。

语法：

选择器 { z-index: 1; }

（1）数值可以是正整数、负整数或 0，默认是"auto"，数值越大，盒子越靠上；
（2）如果属性值相同，则按照书写顺序，后来居上；
（3）数字后面不能加单位；
（4）只有定位的盒子才有 z-index 属性。

现在我们开始制作定位的相册，当鼠标经过时会放大显示。布局的时候，我们需要用到两张图片，大的图片一开始通过定位确定位置，然后隐藏（display:none），当鼠标经过时再让它显示，注意这个大图的层叠次序一定要比小图的层叠次序大才可以。效果如图 5-4-8 所示，结构部分如图 5-4-9 所示。

图 5-4-8　可以放大的相册

```
<body>
    <h3>这是本美丽的风景相册</h3>
    <div>
        <ul class="clearfix">
            <li><img src="images/1.jpg" alt=""><img src="images/1.jpg" alt=""></li>
            <li><img src="images/2.jpg" alt=""><img src="images/2.jpg" alt=""></li>
            <li><img src="images/3.jpg" alt=""><img src="images/3.jpg" alt=""></li>
            <li><img src="images/4.jpg" alt=""><img src="images/4.jpg" alt=""></li>
            <li><img src="images/5.jpg" alt=""><img src="images/5.jpg" alt=""></li>
            <li><img src="images/6.jpg" alt=""><img src="images/6.jpg" alt=""></li>
            <li><img src="images/7.jpg" alt=""><img src="images/7.jpg" alt=""></li>
            <li><img src="images/8.jpg" alt=""><img src="images/8.jpg" alt=""></li>
            <li><img src="images/9.jpg" alt=""><img src="images/9.jpg" alt=""></li>
            <li><img src="images/10.jpg" alt=""><img src="images/10.jpg" alt=""></li>
            <li><img src="images/11.jpg" alt=""><img src="images/11.jpg" alt=""></li>
            <li><img src="images/12.jpg" alt=""><img src="images/12.jpg" alt=""></li>
            <li><img src="images/13.jpg" alt=""><img src="images/13.jpg" alt=""></li>
            <li><img src="images/14.jpg" alt=""><img src="images/14.jpg" alt=""></li>
            <li><img src="images/15.jpg" alt=""><img src="images/15.jpg" alt=""></li>
            <li><img src="images/16.jpg" alt=""><img src="images/16.jpg" alt=""></li>
            <li><img src="images/17.jpg" alt=""><img src="images/17.jpg" alt=""></li>
            <li><img src="images/18.jpg" alt=""><img src="images/18.jpg" alt=""></li>
            <li><img src="images/19.jpg" alt=""><img src="images/19.jpg" alt=""></li>
            <li><img src="images/20.jpg" alt=""><img src="images/20.jpg" alt=""></li>
            <li><img src="images/21.jpg" alt=""><img src="images/21.jpg" alt=""></li>
            <li><img src="images/22.jpg" alt=""><img src="images/22.jpg" alt=""></li>
            <li><img src="images/23.jpg" alt=""><img src="images/23.jpg" alt=""></li>
            <li><img src="images/24.jpg" alt=""><img src="images/24.jpg" alt=""></li>
            <li><img src="images/25.jpg" alt=""><img src="images/25.jpg" alt=""></li>
        </ul>
    </div>
    <p>Do you like the beautiful scenery!</p>
</body>
```

图 5-4-9　结构部分

实现代码如下：

```
<style type="text/css">
    * {                          /*清除浏览器自带内外边距*/
        padding: 0;
        margin: 0;
        box-sizing: border-box;/*盒子模型宽度从边框开始*/
    }
    .clearfix::after {    /*清除浮动*/
        content: "";
        display: block;
        height: 0;
        visibility: hidden;
        clear: both;
    }
    h3 {
        margin: 20px auto;
        width: 600px;
```

```css
        color: #aaaaff;
        font-size: 17px;
        text-align: center;
        border-bottom: 1px dashed #00aaff;/*下边框*/
        padding-bottom: 10px;/*下内边距*/
        font-weight: 300;
    }
    div {
        margin: 10px auto;/*外边距上下 10 像素，左右居中*/
        width: 609px;
    }
    ul li img {    /*后代选择器*/
        width: 100px;
        height: 75px;
        padding: 2px;
        display: block;   /*去除图片下面的高度*/
        background-color: #fff;
        border: 1px solid #ccc;
    }
    ul li img:nth-child(2) {   /*结构伪类选择器设置第二张图片样式*/
        position: absolute;/*设置绝对定位后，不占原来位置*/
        top: -25px;          /*边偏移*/
        left: -50px;          /*边偏移*/
        width: 200px;
        height: 150px;
        z-index: 99;   /*提升层叠次序*/
        display: none;/*隐藏显示*/
        }

    ul li:hover img:nth-child(2) {
        display: block;
        border-color: #000;
    }
    li {
        border: 1px solid #bbb;
        padding: 5px;
        float: left;
        list-style: none;
        position: relative; /*子 img 绝对定位,所以父就要设置相对定位*/
```

```
    margin: 4px;      /*外边距上下左右 4 像素*/
    background-color: #eee;

    }
  p {
    text-align: center;
    color: aquamarine;

    }
</style>
```

## 【知识小结】

本任务学习了盒子模型和定位，这些都是网页中搭建页面很重要的组成部分。盒子模型的内外边距和盒子模型的组成要重点掌握，定位中记住"子绝父相"的口诀。

# 任务五　创建幻灯片式的相册

## 【任务描述】

在网页设计中或多或少地存在着幻灯片。本任务将介绍一种简易的幻灯片式相册的制作方法。

## 【实施说明】

本任务将利用 HTML5 和 CSS3 实现图片相册旋转。根据所提供的工匠人物简介图片素材，将图片保存在 images 文件夹中。

## 【实现步骤】

### 一、框架构建

在 Sublime_Text 中新建一个 HTML5 网页。

将"素材 5-4-1.zip"中的图片保存在 images 文件夹，并在 body 中写入以下 HTML 代码：

```html
<section>
        <div><img src="images/1.jpg" alt=""></div>
        <div><img src="images/2.jpg" alt=""></div>
        <div><img src="images/3.jpg" alt=""></div>
        <div><img src="images/4.jpg" alt=""></div>
        <div><img src="images/5.jpg" alt=""></div>
        <div><img src="images/6.jpg" alt=""></div>
        <div><img src="images/7.jpg" alt=""></div>
        <div><img src="images/8.jpg" alt=""></div>
    </section>
```

### 二、样式表

在<head>上方写入样式表，参考代码如下：

```css
body {
        perspective:1000px;              /*透视区域*/
        perspective-origin:center -60%;   /*调整透视点高度*/
```

```css
        background-color:skyblue;
}
section {
        position: relative;
        transform-style:preserve-3d;           /* 子元素保持 3d 效果*/
        width: 200px;
        height: 150px;
        margin: 300px auto;
        animation: move 10s linear infinite;    /*调用自动旋转动画*/
}
div{
        width: 100%;
        height:100%;
        position: absolute;
        top: 0;
        left: 0;
}
div img {
        width: 200px;
        height: 150px;
}
section:hover {
        animation-play-state:paused;           /*鼠标经过时暂停*/
}
div:nth-child(1) {
        transform: rotatey(0deg) translateZ(300px);
}
div:nth-child(2) {
        transform: rotatey(45deg) translateZ(300px);
}
div:nth-child(3) {
        transform:rotatey(90deg) translateZ(300px);
}
div:nth-child(4) {
        transform:rotatey(135deg) translateZ(300px);
}
div:nth-child(5) {
        transform:rotatey(180deg) translateZ(300px);
}
```

```
div:nth-child(6) {
    transform:rotatey(225deg) translateZ(300px);
}
div:nth-child(7) {
    transform:rotatey(270deg) translateZ(300px);
}
div:nth-child(8) {
    transform:rotatey(315deg) translateZ(300px);
}
@keyframes move {
    0% {
transform:rotatey(0deg);
    }
    100% {
        transform:rotatey(360deg);
    }
}
```

效果如图 5-5-1 所示。

图 5-5-1 旋转相册效果

@keyframes animation 属性是一个简写属性,用于设置六种动画属性,见表 5-5-1。
动画连写:

| animation:动画名称 持续时间 运动曲线 何时开始 播放次数 是否反向 动画起始 结束状态; |
|---|

例如:

| animation: name 5s linear 2s infinite alternate;//动画 5 s 延时 2 s 开始无限循环来回运动 |
|---|

注意:animation-play-state:paused(表示动画暂停)不能连写,默认属性是 running。

表 5-5-1    animation 属性

| 值 | 描 |
|---|---|
| animation-name | 规定需要绑定到选择器的 keyframe 名称 |
| animation-duration | 规定完成动画所花费的时间，以秒或毫秒计 |
| animatron-timing-function | 规定动画的速度曲线 |
| antmation-delay | 规定在动画开始之前的延迟 |
| animation-iteration-count | 规定动画应该播放的次数 |
| animation-direction | 规定是否应该轮流反向播放动画 |

transform 属性向元素应用 2D 或 3D 转换。该属性允许我们对元素进行旋转、缩放、移动或倾斜，见表 5-5-2。

表 5-5-2    transform 属性

| 值 | 描述 |
|---|---|
| none | 定义不进行转换 |
| matrix(n,n,n,n,n,n) | 定义 2D 转换，使用 6 个值的矩阵 |
| matrixed(n,n,n,n,n,n,n,n,n,n,n,n,n,n,n,n) | 定义 3D 转换，使用 16 个值的 4×4 矩阵 |
| translate(x,y) | 定义 2D 转换 |
| translate 3d(x,y,z) | 定义 3D 转换 |
| translateX(x) | 定义转换，只是用 X 轴的值 |
| translateY(y) | 定义转换，只是用 Y 轴的值 |
| translateZ(z) | 应义 3D 转，只是用 Z 轴的值 |
| scale(x,y) | 定义 2D 缩放转换 |
| scale3d(x,y,z) | 定义 3D 缩放转换 |
| scaleX(x) | 通过设置 X 轴的值来定义缩放转换 |
| scaleY(y) | 通过设置 Y 轴的值来定义缩放转换 |
| scaleZ(z) | 通过设置 Z 轴的值来定义 3D 缩放转换 |
| rotate(angle) | 应义 2D 旋转，在参数中规定角度 |
| rotate3d(x,y,z,angle) | 定义 3D 旋转 |
| rotateX(angle) | 定义沿着 X 轴的 3D 旋转， |
| rotateY(angle) | 定义沿着 Y 轴的 3D 旋转 |
| rotateZ(angle) | 定义沿着 Z 轴的 3D 旋转 |
| skew(x-angle,y-angle) | 定义沿着 X 和 Y 轴的 2D 倾斜转换 |
| skewX(angle) | 定义沿着 X 轴的 2D 倾斜转换 |
| skew/(angle) | 定义沿着 Y 轴的 2D 倾斜转换 |
| perspective(n) | 为 3D 转换元素定义透视视图 |

语法：

```
transform:none/transform-functions;
```

3D 效果要在父盒子上添加 Perspective（透视效果），单位是像素，如 Perspective：2000px，注意数值越小显示越大。

子元素要开启 3D 效果显示，需要在父盒子添加 transform-style:preserve-3d;。注意 transform-style 默认属性是 flat，子元素不开启 3D。

另外，transform:rotateX(45deg):表示沿 X 轴正方向转 45°，正负方向遵循左手原则（大拇指指向对应轴正方向，四指弯曲的方向即旋转的正方向）。

## 【知识小结】

在书写代码时，除了可以在<head>上方写入样式表外，还可以在新建文档中，通过将页面类型指定为 CSS，创建一个外部样式表。最后在主文档<head>中将刚才新建的外部样式表应用到页面文件中。

# 项目六　超链接与网页跳转

## 【项目简介】

　　超链接是整个互联网的基础，通过超链接能够实现页面的跳转、功能的激活等。超链接可以将每个页面串联在一起，然后通过设置超链接样式来控制链接元素的形式和颜色等。超链接的默认样式是蓝色下划线文本，对浏览者没有任何吸引力，需要通过 CSS 样式来改变超链接文本的样式，以使超链接与整个页面风格一致。完成本项目内容的学习后，读者需要熟练掌握页面中超链接文本样式的设置，以实现页面中不同文本链接的效果。

## 【学习目标】

（1）掌握超链接的基本属性。
（2）了解超链接的类型。
（3）掌握超链接样式的设置方法。
（4）掌握页面之间的跳转方式。

# 任务一  超链接的基本属性

## 【任务描述】

超链接使用 HTML 标记语言的 <a> 来标记。使用 <a></a> 标记包裹的内容可以是一个单词、一组单词（句子）或者是图片。点击之后可以跳转到另外一个文档，也可以跳转到当前文档内部的其他位置。这取决于 <a> 的属性设置。

## 【实施说明】

默认情况下，当鼠标指针移到一个超链接（链接）上的时候，原来的"箭头"会变成"小手"。但是这可以通过 CSS 来控制和改变。

## 【实现步骤】

### 一、超链属性

在默认情况下，所有浏览器中链接的外观都是以下表现形式（当然也可以通过 CSS 来控制和改变）：

（1）未被访问的链接带有下划线而且是蓝色的。

（2）已被访问的链接带有下划线而且是紫色的。

（3）活动链接带有下划线而且是红色的。

常用的<a>的属性有自有属性、标准属性、事件属性。

### 二、自有属性

<a>标签属性说明见表 6-1-1。

表 6-1-1  <a>标签属性说明

| 属性 | 值 | 描述 |
|---|---|---|
| charset | char_encoding | HTML5 中不支持。规定被链接文档的字符集 |
| coords | coordinates | HTML5 中不支持。规定链接的坐标 |
| download | filename | 规定被下载的超链接目标 |
| href | URL | 规定链接指向的页面的 URL |
| hreflang | language_code | 规定被链接文档的语言 |

| 属性 | 值 | 描述 |
|------|------|------|
| media | media_query | 规定被链接文档是为何种媒介/设备优化的 |
| name | section_name | HTML5 中不支持，规定锚的名称 |
| rel | text | 规定当前文档与被链接文档之间的关系 |
| rey | text | HTML5 中不支持，规定被链接文档与当前文档之间的关系 |
| shape | default<br>rect<br>circle<br>poly | HTML5 中不支持，规定链接的形状 |
| target | _blank<br>_parent<br>_self<br>_top<br>framename | 规定在何处打开链接文档 |
| type | MIME type | 规定被链接文档的 MIME 类型 |

常用属性 href，指向链接的位置，在学习阶段，没有确定链接地址，也可以用#代替表示空，如：<a href="#">空链接</a>。Target 设置_blank 浏览器总在一个新打开、未命名的窗口中载入目标文档。_self 属性，是默认属性，它使得在原窗口中打开新链接。

## 三、标准属性

class：规定元素的类名（classname）。
id：规定元素的唯一 id，常用于制作页面内部链接（锚点）。
style：规定元素的行内样式（inline style）。
title：规定元素的额外信息（标题，可在工具提示中显示）。

## 四、事件属性

onclick：鼠标点击时的动作。

## 【知识小结】

作为一个 HTML 标签（元素），<a>也支持很多 HTML 属性（attribute），包括 HTML 标准属性（所有 HTML 标签都支持的属性，仅有少数例外）和 HTML 事件属性（使 HTML 事件触发浏览器中的行为，例如当鼠标滑过或者悬停，或者当用户点击某个 HTML 元素时启动一段 JavaScript）。

# 任务二　超链接的类型

## 【任务描述】

按链接路径的不同，网页中超链接一般分为三种类型：内部链接、锚点链接和外部链接。

## 【实施说明】

分别对内部链接、锚点链接和外部链接进行配置和测试。

## 【实现步骤】

### 一、超链接对象

超链接是超级链接的简称。如果按照使用对象的不同，网页中的链接又可以分为文本超链接、图像超链接、E-mail 链接、锚点链接、多媒体文件链接和空链接等。

超链接是一种对象，它以特殊编码的文本或图形的形式来实现链接。如果单击该链接，则相当于指示浏览器移至同一网页内的某个位置，或打开一个新的网页，或打开某一个新的网站中的网页。

### 二、网页超链接

网页上的超链接一般分为三种：

第一种是绝对 URL 的超链接。URL（Uniform Resource Locator）就是统一资源定位符，简单地讲就是网络上的一个站点、网页的完整路径。例如外部链接：

```
<a href=" http:// www.baidu.com">百度一下</a>
```

第二种是相对 URL 的超链接，如将自己网页上的某一段文字或某标题链接到同一网站的其他网页上面去。例如：

```
< a href="index.html"> 首页 </a>
```

第三种是同一网页的超链接，这种超链接又叫作锚点和书签。通过创建锚点链接，用户能够快速定位到目标内容。

创建锚点链接分为两步：

（1）使用<a href="#id 名"> "链接文本"</a>创建链接文本（被点击的）。

```
<a href="#two">  2 </a>
```

（2）使用相应的 id 名标注跳转目标的位置。

```
<h3 id="two">第 2 集</h3>
```

### 三、绝对路径与相对路径

所谓相对路径，就是相对于链接页面而言的另一个页面的路径。绝对路径，就是直接从 file:/// 磁盘符开始的完整路径。下面在同一个目录下制作两个页面，其中一个页面链接到另一个页面。

（1）绝对路径。

```
<a href="file:///D:/备课/HTML5 第一季/code/index2.html">index2</a>
```

解释：首先是 file:///开头，然后是磁盘符，然后是一个个的目录层次，找到相应文件。这种方式最致命的问题是：当整个目录转移到另外的盘符或其他计算机时，目录结构一旦出现任何变化，链接当即失效。

（2）相对路径。

```
<a href="index2.html">index2</a>
```

解释：相对路径的条件是文件都在一个磁盘或目录下，如果是在同一个目录下，直接属性值就是被链接的文件名.后缀名。如果在同一个主目录下，有多个子目录层次，那就需要使用目录结构语法。

### 四、目录语法

同一个目录：

```
index2.html;
```

在子目录（下一级）：

```
xxx/index2.html;
```

在孙子目录：

```
xxx/xxx/index2.html;
```

在父目录（上一级）：

```
../index2.html;
```

在爷爷目录：

```
../../index2.html;
```

### 五、动态和静态超链接

超链接还可以分为动态超链接和静态超链接。动态超链接指的是可以通过改变 HTML 代码来实现动态变化的超链接。例如，我们可以实现将鼠标移动到某个文字链接上，文字就会像动画一样动起来或改变颜色的效果，也可以实现鼠标移到图片上，图片就产生反色或朦胧等效果。而静态超链接，顾名思义，就是没有动态效果的超链接。

## 六、锚点相册

利用链接所学知识，制作一个锚点相册，如图 6-2-1 所示，点击右边小图，左边显现对应的大图。结构部分重点在于锚点链接的运用，每个小图对应每个大图的链接。代码如图 6-2-2 所示，样式部分如图 6-2-3 所示。

图 6-2-1　锚点相册

```html
<body>
    <div class="box">
        <h3>科创学院校园风光</h3>
        <div class="big">
            <img src="images/img2/l1.jpg" alt="" id="a">
            <img src="images/img2/l2.jpg" alt="" id="b">
            <img src="images/img2/l3.jpg" alt="" id="c">
            <img src="images/img2/l4.jpg" alt="" id="d">
            <img src="images/img2/l5.jpg" alt="" id="e">
            <img src="images/img2/l6.jpg" alt="" id="f">
            <img src="images/img2/l7.jpg" alt="" id="g">
            <img src="images/img2/l8.jpg" alt="" id="h">
        </div>
        <div class="small">
            <a href="#a"><img src="images/img1/s1.jpg"></a>
            <a href="#b"><img src="images/img1/s2.jpg"></a>
            <a href="#c"><img src="images/img1/s3.jpg"></a>
            <a href="#d"><img src="images/img1/s4.jpg"></a>
            <a href="#e"><img src="images/img1/s5.jpg"></a>
            <a href="#f"><img src="images/img1/s6.jpg"></a>
            <a href="#g"><img src="images/img1/s7.jpg"></a>
            <a href="#h"><img src="images/img1/s8.jpg"></a>
        </div>
    </div>
</body>
```

图 6-2-2　锚点相册结构部分

```
<style>
    .box {
        width: 550px;
        height: 400px;
        color: #fff;                           /*字体颜色*/
        text-align: center;                    /*文字居中*/
        background: #213A8F;                   /*背景颜色*/
        box-shadow: 15px 15px skyblue;         /*设置最外层盒子阴影样式*/
        border:1px solid #999;                 /*外边框*/
        }
    .box h3 {
        font: 400 22px "宋体";                  /*字体连写不加粗，22px宋体*/
        margin-top: 15px;                      /*距离上面外边距15px*/
        }
    .big,
    .big img {                                 /*并集选择器共同声明*/
        width: 400px;
        height:300px;
        }
    .big {
        float: left;                           /*左浮动*/
        border:2px solid #fff;
        margin-left: 25px;  /*浮动后的盒子水平居中text-align: center;无效*/
        overflow: hidden;                      /*溢出隐藏*/
        }
    .small {
        float: left;
        height: 300px;
        overflow-y: scroll;                    /*添加垂直滚动条*/
        border:2px solid #fff;
        }
    .small img {
        width: 80px;
        height: 54px;
        }
    }
    .small a {
        display: block;                        /*转换为块级元素*/
        }
</style>
```

图 6-2-3  锚点相册样式部分

## 【知识小结】

内部链接指的是在一个单独的站点内,通过内部链接来指向并访问属于该站点内的网页;外部链接是指的是从一个单独的站点上,通过外部链接来指向并访问不属于该站点上的网页;锚记超链接常常用于那些内容庞大烦琐的网页,通过点击命名锚点,不仅让浏览者能指向文档,还能指向页面里的特定段落,更能当作"精准链接"的便利工具,让链接对象接近焦点,便于浏览者查看网页内容,类似于书籍的目录页码或章回提示。在需要指定到页面的特定部分时,标记锚点是最佳的方法。

# 任务三　设置超链接的样式

## 【任务描述】

超链接在网页中使用得较多，有几个属性我们或许没有注意到，分别是：超链接对象未访问前的样式、鼠标移过对象时的样式、对象被鼠标单击后到被释放之间这段时间的样式和超链接对象被访问之后的样式。

## 【实施说明】

a:link 是超链接对象未访问前的样式；a:hover 用于设置鼠标移过对象时的样式；a:active 用于设置在对象被鼠标单击后到被释放之间这段时间的样式；a:visited 用于设置超链接对象被访问之后的样式。

## 【实现步骤】

### 一、认识伪类和伪对象

伪类就是根据一定的特征对元素进行分类，而不是依据元素的名称、属性或内容。原则上，特征是不能根据 HTML 文档的结构推断得到的。伪类可以是动态的，当用户与 HTML 文档进行交互时，一个元素可以获取或者拾取某个伪类。例如，鼠标指针经过就是一个动态特征，任意一个元素都可能被鼠标经过，当然鼠标也不可能永远停留在同一个元素上面，这种特征对于某个元素来说可能随时消失。

比较实用的伪类包括 :link、:hover、:active、:visited、:focus，比较实用的伪类对象包括 :first-letter 和:first-line，具体说明如表 6-3-1 所示。

表 6-3-1　伪类

| 伪　类 | 说　明 |
| --- | --- |
| :link | 超链接对象未被访问前的样式 |
| :hover | 鼠标移过对象时的样式 |
| :active | 在对象被鼠标单击后到被释放之间这段时间的样式 |
| :visited | 超链接对象被访问之后的样式 |
| :focus | 对象成为输入焦点时的样式 |
| :first-child | 对象的第一个子对象的样式 |
| :first | 对页面的第一页使用的样式 |

## 二、定义超链接样式

在伪类和伪对象中，与超链接相关的四个伪类选择器应用比较广泛。

（1）a:link ——定义超链接的默认样式。

（2）a:visited ——定义超链接被访问后的样式。

（3）a:hover ——定义鼠标经过超链接的样式。

（4）a:active ——定义超链接被激活时的样式，如鼠标单击之后到鼠标被松开之间的这段时间的样式。

下划线是超链接的基本样式，但是很多网站并不喜欢使用，所以在建站之初，就彻底清除了所有超链接的下划线和默认的蓝色字体，代码如下：

```
a { text-decoration:none; color:#000； }
```

不过从用户体验的角度看，如果取消了下划线效果，可能会影响部分用户对网页的访问。因为下划线效果能很好地提示访问者当前鼠标经过的文字是一个超链接。超链接的下划线效果不仅仅是一条实线，也可以根据需要定制。定制思路如下：

（1）借助超链接元素 a 的底部边框线实现。

（2）利用背景图像实现。

## 三、经典样式设计（设计滑动样式）

利用背景图像的动态滑动技巧可以设计很多精致的超链接样式，这种技巧也被称为滑动门技术。

对于背景图片来说，超链接的宽度可以小于等于背景图像的宽度，但是高度要保持一致。

技巧：

利用相同大小但不同效果的背景图像进行轮换。图像样式的关键是背景图像的设计，以及集中不同效果的背景图像是否能够过渡自然、切换吻合。

将所有背景图像组合在一张图中，然后利用 CSS 技术进行精确定位，以实现在不同状态下显示为不同的背景图像，这种技巧也被称为 CSS Sprites。CSS Sprites 加速的关键不是降低质量，而是减少个数。因为浏览器每显示一张图片都会向服务器发送请求，所以图片越多，请求次数越多，造成延迟的可能性也就越大。

在 Photoshop 中设计两张大小相同，但是效果略有不同的两张图像，然后将两张图像拼接成一张图像，如图 6-3-1 所示。

图 6-3-1　两张图片拼接效果

在 Sublime_Text 中新建一个 HTML5 空白网页，在 body 中输入以下代码：

```
<ul>
        <li><a href="#">个人简介</a></li>
```

```
    <li><a href="#">个人相册</a></li>
    <li><a href="#">我的家乡</a></li>
    <li><a href="#">我的学校</a></li>
    <li><a href="#">联系方式</a></li>
    <li><a href="#">资源下载</a></li>
    <li><a href="#">给我留言</a></li>
</ul>
```

在 <head> 标签之上写入样式表，参考代码如下：

```
<style type="text/css">
    li  {
        float:left;        /*浮动显示，以便并列显示各项*/
        list-style:none; /*清除项目符号*/
        margin:0;          /*清除缩进*/
        padding:0;         /*清除缩进*/
    }
    a  {
        text-decoration:none; /*清除下划线*/
        display:inline-block; /*行内块状元素显示*/
        width:150px;          /*固定宽度*/
        height:30px;          /*固定高度*/
        line-height:30px;      /*行高等于高度，设计垂直居中*/
        text-align:center;     /*文本水平居中显示*/
        color:White;          /*字体颜色白色*/
        background:url(background.jpg) no-repeat center top; /*定义背景图像，禁止平铺，居中*/        }
    a:hover  {
        background-position:center bottom; /*定义背景图像，昂示下半部分*/
        color:blue;               /*定义字体颜色为蓝色*/
    }
</style>
```

最终效果如图 6-3-2 所示。

个人简介　　个人相册　　我的家乡　　我的学校　　联系方式　　资源下载　　给我留言

图 6-3-2　代码效果

## 【知识小结】

超链接的四种状态样式的排列顺序是有要求的，一般不能随意调换。先后顺序应该是：link、visited、hover、active，四种状态并非都必须定义，可以定义其中的两个或三个。

# 任务四　伪类选择器 target 的使用

## 【任务描述】

　　target 作为目标伪类选择器，是 CSS3 中的新特性之一，目前已经支持所有主流浏览器（除了 IE8 及更早的版本）。它用来匹配锚点指向的元素，突出显示活动的 HTML 锚，配合锚点标签进行使用。

## 【实施说明】

　　该类选择器是动态选择器，只有在该选择器已指向元素时，才能使用。

## 【实现步骤】

## 一、案例 1

HTML 代码部分：

```
    <div><a href="#one">内容加红色底纹</a></div>
<span id="one">我是内容</span>
CSS 代码部分：
  span {
      display: none;
  }
  :target {
      display: block;    /*这里的:target 就是指 id 为 one 的对象*/
      background-color: red;
  }
```

　　代码运行结果如图 6-4-1 所示。具体来说，触发元素的 URL 中的标志符通常会包含一个 #号，后面带有一个标志符名称，上面代码中#one 就是指向的活动锚。:target 就是用来匹配 id 为 "one" 的元素，并指定当前目标伪类的样式。

图 6-4-1　案例效果

## 二、案例 2 —— 多个链接锚点中目标伪类 target 的使用

制作出一个水平的手风琴效果，可以利用锚点链接标签和伪类选择器 target 进行实现，对图文进行展示。最终效果如图 6-4-2 所示。

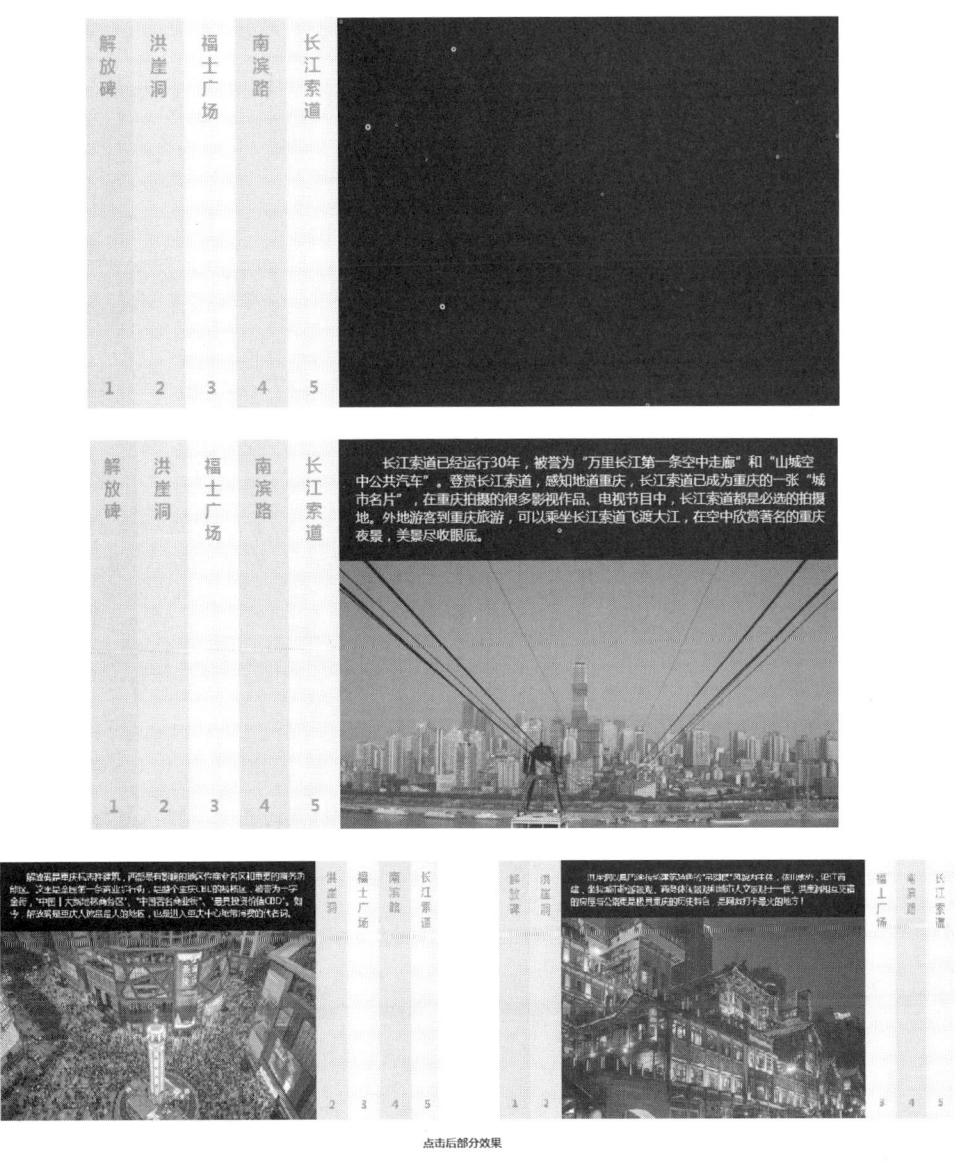

图 6-4-2  水平手风琴点击前后部分效果

点击左侧 1,2,3…的链接栏，可以展开对应的图文介绍，这就要用到锚点链接，活动链接表示当前被选中的锚，可以先设置所有右边图文版块宽度为 0，但将当前目标元素设置宽度为 600px 时，就可以显示出来，再添加过渡效果就更加完美。

结构如图 6-4-3 所示，HTML 部分代码如下：

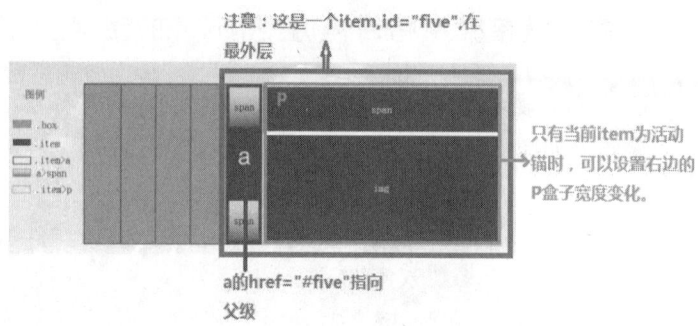

注意：这是一个item,id="five",在最外层

只有当前item为活动锚时，可以设置右边的P盒子宽度变化。

a的href="#five"指向父级

图 6-4-3　结构

```html
<div class="box">
    <div class="items" id="one">
        <a href="#one"><span>解放碑</span><span>1</span></a>
        <p>
            <span> 解放碑是重庆标志性建筑，西部最有影响的地区性商业名区和重要的商务功能
区。这里是全国第一条商业步行街，是整个重庆 CBD 的极核区，被誉为"十字金街""中国十大新地标
商务区""中国著名商业街""最具投资价值 CBD"。如今，解放碑是重庆人流量最大的地区，也是进入重
庆中心地带消费的代名词。</span>
            <img src="images/1-1.jpeg" alt="">
        </p>
    </div>
    <div class="items" id="two">
        <a href="#two"><span>洪崖洞</span><span>2</span></a>
        <p>
            <span> 洪崖洞以具巴渝传统建筑特色的"吊脚楼"风貌为主体，依山就势，沿江而建，坐
拥城市旅游景观、商务休闲景观和城市人文景观于一体。洪崖洞相互交错的房屋与公路更是极具重庆
的历史特色，是网友打卡最火的地方！</span>
            <img src="images/1-2.jpeg" alt="">
        </p>
    </div>
    <div class="items" id="three">
        <a href="#three"><span>福士广场</span><span>3</span></a>
        <p>
            <span> 重庆来福士广场位于两江汇流的朝天门，是重庆的标志性建筑。该项目由 8 座塔
楼和一个 5 层商业裙楼组成，是一个城市综合体。来福士稳居重庆第一高楼、中国西南的新地标。十
一期间，重庆来福士即将开放一条新的进入购物中心的通道。</span>
            <img src="images/1-3.jpeg" alt="">
        </p>
    </div>
    <div class="items" id="four">
```

```
        <a href="#four"><span>南滨路</span><span>4</span></a>
        <p>
        <span>南滨路北临长江，背依南山，可观最美渝中夜景；历史悠久的巴渝文化、码头文
化、抗战遗址文化如珍珠般遍布沿线，使南滨路获得了"重庆外滩"的美誉。南滨路旅游观光区全长 25
千米，是集餐饮、娱乐、休闲为一体的城市观光休闲景观大道。</span>
        <img src="images/1-4.jpeg" alt="">
        </p>
        </div>
        <div class="items" id="five">
        <a href="#five"><span>长江索道</span><span>5</span></a>
        <p>
        <span>长江索道已经运行 30 年，被誉为"万里长江第一条空中走廊"和"山城空中公共汽
车"。登赏长江索道，感知地道重庆，长江索道已成为重庆的一张"城市名片"，在重庆拍摄的很多影视
作品、电视节目中，长江索道都是必选的拍摄地。外地游客到重庆旅游，可以乘坐长江索道飞渡大江，
在空中欣赏著名的重庆夜景，美景尽收眼底。</span>
        <img src="images/1-5.jpeg" alt="">
        </p>
        </div>
        </div>
        <div class="text">知识点：<br>1.flex 弹性盒子布局；<br>2.锚点链接;<br>3.结构伪类选择器
nth-of-type;<br>4.伪类 target;<br>5.浮动;<br>6.过渡属性 transition;<br>7.多背景图的插入。
        </div>
```

CSS 样式部分代码，如下：

```
    h2 {
        width: 450px;
        padding: 20px;
        margin: 50px auto;
        text-align: center;
        font-size: 40px;
        color: rgb(241, 139, 238);
        letter-spacing: 0.3em;
        background-color: powderblue;
        text-shadow: 0 -3px 5px rgba(0, 0, 0, .8);
    }


    .box {
        width: 900px;
        height: 460px;
```

```
      background: #000;
      margin: 0 auto;
  }

  .items {
      float: left;
      display: flex;
      height: 460px;
  }

  a {
      display: flex;
      flex-direction: column;
      justify-content: space-between;
      align-items: center;
      padding: 20px;
      width: 60px;
      height: 460px;
      background-color: rgb(247, 195, 208);
      color: deepskyblue;
      text-decoration: none;
      font-size: 20px;
      font-weight: 700;
  }

  .items p {
      display: flex;
      flex-direction: column;
      width: 0px;
      height: 460px;
      text-indent: 2em;
      overflow: hidden;
      transition: all 0.6s;
  }

  .items p>img {
      width: 100%;
  }
```

```
.items:nth-of-type(2) a {
    background-color: #D8E6B5;
}

.items:nth-of-type(3) a {
    background-color: #FCECED;
}

.items:nth-of-type(4) a {
    background-color: #BEE2F8;
}

.items:nth-of-type(5) a {
    background-color: #FDEEB5;
}

.items p>span {
    padding: 20px;
    width: 600px;
    color: #fff;
}

.items:target p {
    width: 600px;
}

.text {
    margin: 20px auto;
    width: 400px;
    background-color: #fff;
    padding: 20px;
}
```

在这个案例中，最重要的就是要知道当前锚要放置的位置，位置错误就无法实现其效果。同学们课后可以试一试做一个垂直的手风琴效果。

## 【知识小结】

target 选择器会突出显示当前活动的 HTML 锚。URL 带有后面跟有锚名称#，指向文档内某个具体的元素。这个被链接的元素就是目标元素(target element)。:target 选择器可用于选取当前活动的目标元素。

# 任务五　建立个人网站基础模板

## 【任务描述】

我们在设计网页界面时，需要从整体上把握好各种元素的布局。只有充分地利用页面空间、结构性的分割页面空间，并使其布局合理，才能设计出好的网页界面。在设计网页界面时，需要根据不同的网站定位和页面内容选择合适的布局形式。运用所学知识创建如图 6-5-1 所示的个人网站基础模板。

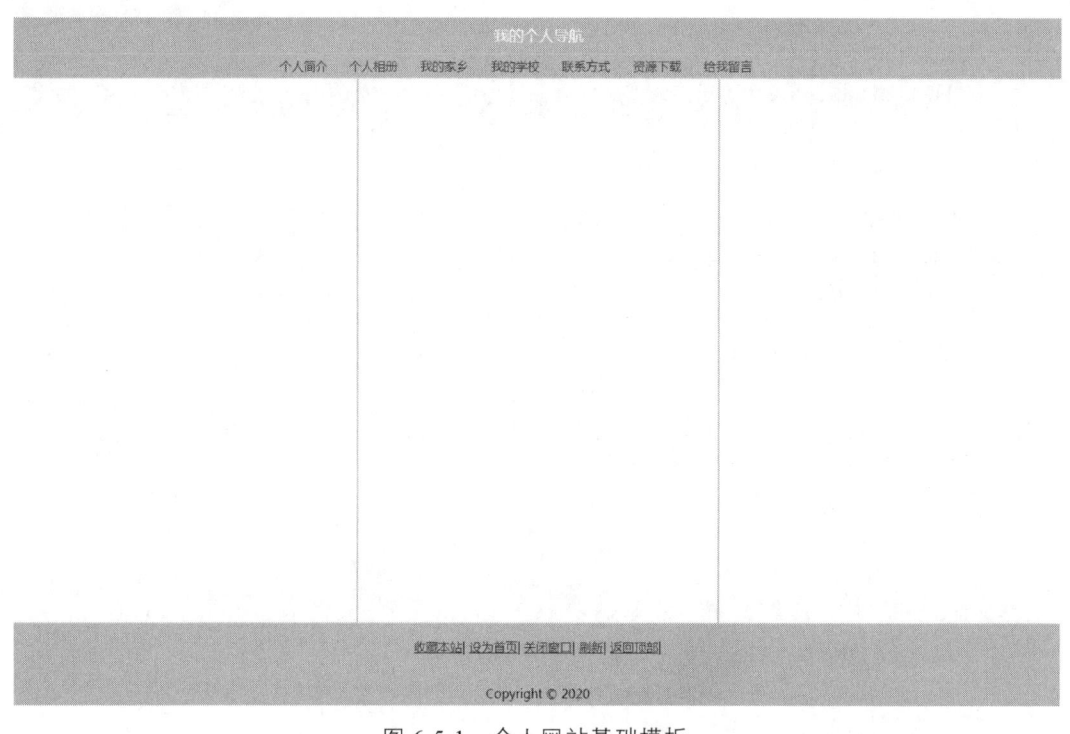

图 6-5-1　个人网站基础模板

## 【实施说明】

掌握站点文件夹的创建以及必备文件夹。

## 【实现步骤】

（1）新建一个文件夹，在文件夹下再建立 css、js、images、font 四个子文件夹，用于存放文件。文件和文件夹命名要以最简短的名称体现清晰的含义。文件名全部用小写的英文字母、数字、下划线的组合，其中不得包含汉字、空格和特殊字符；目录名应以英文或拼音为主，使我们自己和以后工作组的每一位成员都能理解每一个文件的意义。另外，当我们在文件夹中使用"按名称排列"的命令时，同一种大类的文件能够排列在一起，以便我们查找、修改、替换、计算负载量等操作，如图 6-5-2 所示。

图 6-5-2　站点文件夹

（2）打开 Sublime_Text 软件，点击"文件"|"新建"命令，打开"新建文档"对话框，选择"保存"文件，扩展名为"html"。

（3）成功创建 HTML 文件后，用英文状态下的叹号！生成固有 HTML 模板。

（4）创建一个 CSS 文件作为基础样式，利用<link>标签引入 HTML 文档中。

HTML 结构部分代码：

```
<body>
<header>我的个人导航</header>
<link rel="stylesheet" href="css/jcys.css">
<nav>
    <ul>
        <li><a href="#">个人简介</a></li>
        <li><a href="#">个人相册</a></li>
        <li><a href="#">我的家乡</a></li>
        <li><a href="#">我的学校</a></li>
        <li><a href="#">联系方式</a></li>
        <li><a href="#">资源下载</a></li>
        <li><a href="#">给我留言</a></li>
    </ul>
</nav>
<div>
<aside></aside>
<section></section>
<article></article>
</div>
<footer>
<a href="#">收藏本站</a>|
<a href="#">设为首页</a>|
<a href="#">关闭窗口</a>|
<a href="#">刷新</a>|
```

```
<a href="#">返回顶部</a>|<br/>
Copyright © 2020
</footer>
</body>
```

jcys.css 样式部分：

```
*{box-sizing:border-box;}
header {
        width: 100%;
        height: 50px;
        line-height: 50px;
        font-size: 20px;
          color:#fff;
        text-align: center;
        background-color: skyblue;
        border-bottom: 1px solid #ccc;
      }
nav {
        width: 100%;
        height: 30px;
        background-color: skyblue;
          border-bottom: 1px solid #ccc;
}
nav ul {
        width: 800px;
        margin: 0 auto;
      }
nav li{
        float: left;
        height: 30px;
        padding: 0 15px;
        line-height: 30px;
          list-style: none;
      }
nav li a {
text-decoration: none;
      }
div {
overflow: hidden;
      }
aside {
```

```
            float: left;
            width: 33.33%;
            height: 700px;
            border:1px solid #ccc;
            }
    section{
            float: left;
            width: 33.33%;
            height: 700px;
            border:1px solid #ccc;
            }
    article{
            float: left;
            width: 33.33%;
            height: 700px;
            border:1px solid #ccc;
            }
    footer {
        text-align: center;
        width: 100%;
        height: 120px;
        line-height: 60px;
          background-color: skyblue;
        }
```

（5）运用前面所学知识，添加网页的内容部分，然后美化页面，如图 6-5-3 所示。

图 6-5-3　添加内容后的页面

## 【知识小结】

网站文件夹的管理是网站建设的第一步，网站中有许多文件，将网站的文件放在相关文件夹中，可以方便制作和整理网页资源。

# 任务六  其他实现网页跳转的方式

## 【任务描述】

网页跳转的方式除了大家耳熟能详的超链接以外，实际上还有其他的方式也能实现页面的跳转。在 HTML 中使用<meta>跳转，通过<meta>可以设置跳转时间和页面，或者通过 Java Script 实现网页的跳转。

## 【实施说明】

<meta>跳转使用方便，不用写 Java Script 代码，也不用写后台代码，还可以实现定时跳转、定时刷新等功能，而且兼容性好。但因为其使用范围较为狭窄，所以一般不作为主流跳转方法使用。

## 【实现步骤】

### 一、meta 跳转

几乎所有的网页头部都有<meta>源信息。

```
<meta name="某个设置值" content="对该设置值进行具体补充说明的信息">
```

name 属性用于在网页中加入一些关于网页的描述信息。

name 属性值如下：

keywords：告诉搜索引擎，这里设置的是关键字，多个关键字用逗号隔开。

description：对本页面的简单描述，搜索引擎会把这些描述放在搜索结果的下面。

robots：根据对应的 content 的值得到不同的结果。当 content 的值为 index 时告诉搜索引擎可以搜索本网站，noindex 恰好相反；当 content 的值为 follow 时告诉搜索引擎可以顺着超链接继续爬行搜索，nofollow 恰好相反；当 content 值为 all 时，恰好是上面两个属性的综合，none 恰好是对立面的属性综合。

转页跳转的方法，refresh 属性值用于刷新与跳转（重定向）页面。

参考代码如下：

```
<head>
<!--5 s 后只是刷新，不跳转到其他页面 -->
<meta http-equiv="refresh" content="5">
<!--定时 5 s 后，转到其他页面 -->
```

```
<meta http-equiv="refresh" content="5;url=http://www.cqie.cn">
</head>
```

## 二、通过 JavaScript 实现跳转

利用 JavaScript 对打开的页面 ULR 进行跳转，如打开的是 A 页面，通过 JavaScript 脚本就会跳转到 B 页面。目前很多网站经常用 JavaScript 跳转将正常页面跳转到广告页面，当然也有一些网站为了追求吸引人的视觉效果，把一些栏目链接做成 JavaScript 链接，但这是一个比较严重的"蜘蛛陷阱"，无论是 SEO 人员还是网站设计人员应当尽力避免。

（1）JavaScript 跳转页面方法。

① 5 s 后页面自动跳转：

```
<div></div>
<script>
        window.onload = function() {
            var div = document.querySelector('div');          //获取元素
            var time = 5;                                      //指定时间
            jump();                        //为防止开始 1 s 的延时空白，先调用一次函数
            setInterval(jump, 1000);       //定时器每一秒运行一次
            function jump() {
                if (time == 0) {
                    location.href = 'http://www.cqie.cn'; //跳转就是修改了 href 的值;
                } else {
                    div.innerHTML = '还剩' + time + '秒跳转页面'
                    time - -;
                }
            }
        }
    </script>
```

② 按钮式：

```
<input name="pclog" type="button" value="go" onclick="location.href='//www.cqie.cn/'">
```

③ 链接式：

```
<a href="javascript:history.go(-1)">返回上一步</a> //go(1)前进一页，go(-1)后退一页
```

④ 直接跳转式：

```
<script>window.location.href='//www.jb51.net';</script>
```

⑤ 开新窗口：

```
<a    href="javascript:"    onclick="window.open('http://www.cqie.cn',          ,'height=500,    width=600,
```

scrollbars=yes, status=yes')">重庆科创职业学院</a>

（2）要实现从一个页面 A 跳到另一个页面 B，JavaScript 跳转大概有以下几种方式：

① .location.href (跳转到 b.html)：

```
<script language="javascript" type="text/javascript">
window.location.href="b.html";
</script>
```

② .history.go（返回上一页面）：

```
<script language="javascript">
window.history.go(-1);
</script>
```

③ window.navigat：这种方法只针对 IE，不适用于火狐等其他浏览器。而 location 是适用于所有浏览器的。

```
<script language="javascript">
window.navigate("b.html");
</script>
```

④ self.location：返回指定窗口在浏览器中的完整地址。

```
<script language="JavaScript">
self.location='b.html';
</script>
```

⑤ top.location。

```
<script language="javascript">
top.location='b.html' ;
</script>
```

（3）弹出选择框或提示框跳转页面。

① JavaScript 中弹出选择框跳转到其他页面。

```
<button> 注销</button>
  <script language="javascript">
    var btn = document.querySelector('button');
    btn.addEventListener('click', logout);

    function logout() {
      if (confirm("你确定要注销身份吗？是－选择确定，否-选择取消")) {
        window.location.href = "logout.asp?act=logout"
      }
```

```
        }
    </script>
```

② JavaScript 中弹出提示框跳转到其他页面。

```
<button> 注销 </button>
    <script language="javascript">
        var btn = document.querySelector('button');
        btn.addEventListener('click', logout);
        function logout() {
            alert("你确定要注销身份吗？ ");
            window.location.href = "logout.asp?act=logout"
        }
    </script>
```

## 【知识小结】

虽然目前有的搜索引擎技术已经能够得到 JavaScript 脚本上的链接，甚至能执行脚本并跟踪链接，但对于一些权重比较低的网站，搜索引擎觉得没有必要，不会浪费精力去抓取分析，不过，这对于实现网站的某种特效，还是有很大帮助的。

# 项目七　列表与表格

## 【项目简介】

在当前流行的采用"DIV+CSS"模式的网页制作中，列表元素处于非常重要的地位。常见的菜单导航、图文混排、新闻列表布局等，都是采用列表元素作为基础结构而创建的。本项目主要从列表的基本概念着手，向读者介绍列表的常见使用方法，以及 CSS 在控制列表元素时的相关属性设置方法，希望读者在学习本项目知识内容后能灵活运用列表元素，实现各种网页的页面布局。

表格是用于在 HTML 页面上显示表格式数据，以及对文本和图形进行布局的强有力的工具。表格由一行或多行组成；每行又由一个或多个单元格组成。

## 【学习目标】

（1）了解列表的种类及结构。
（2）掌握 CSS 控制列表的相关属性和使用方法。
（3）掌握使用列表元素实现各种页面导航。
（4）掌握表格的创建和编辑表格的基本方法。
（5）掌握如何设置表格及单元格属性值。
（6）掌握表格中添加数据内容。
（7）掌握与表格相关的 CSS 属性。
（8）熟练运用字体图标。

# 任务一　无序列表与有序列表

## 【任务描述】

自从 CSS 布局普遍推广以后，这种布局设计提倡使用 HTML 中自带<ul>、<ol>标签去实现。正是由于列表元素在 CSS 中拥有了较多的样式属性，绝大多数的设计师放弃了 table 布局，而使用列表样式设计布局，从而让页面结构更加简洁、清晰。本任务的主要目的是对无序列表和有序列表进行介绍，通过任务学习，读者能掌握常用的有序列表和无序列表的创建及进行布局的方法。

## 【实施说明】

本任务主要是通过设计制作一个简单网页，让读者学会创建无序和有序列表，以及掌握它们的相关知识，重点介绍如何创建列表。本任务中要注意有序列表和无序列表的不同体现方式和各自的使用范围，即列表符号的配对呈现及两种列表样式之间的差别。

## 【实现步骤】

### 一、无序列表（ul）的创建

无序列表是指在列表中各个元素在逻辑上没有先后顺序的列表形式。大部分页面中的信息均可以使用无序列表来实现和描述。无序列表中的列表项用<li>标签进行表示，后期通过改变<ul>和<li>的样式外观即可设计出变化多端的导航。下面就来学习创建无序列表。

（1）启动 Sublime_Text，并创建一空白的文档，保存并命名为 liebiao.html。

（2）在软件的"代码"视图中，先插入一个外层 div，再在里面插入内层 div 用于放一组无序列表。插入一组无序列表，HTML 部分如图 7-1-1 所示，样式部分如图 7-1-2 所示。

```
<div>
    <div>
        <div class="pic">
            <h3>周礼萍个人网页</h3>
            <span>HTML5 静态网页</span>
        </div>
        <ul>
            <li><a href="#">个人简介</a></li>
            <li><a href="#">个人相册</a></li>
            <li><a href="#">我的家乡</a></li>
            <li><a href="#">我的学校</a></li>
            <li><a href="#">联系方式</a></li>
            <li><a href="#">资源下载</a></li>
            <li><a href="#">给我留言</a></li>
        </ul>
    </div>
</div>
```

图 7-1-1　HTML 部分

```
<style>
body {
    background-color: #ccc;
}
.pic {
    height: 200px;
    background: url(images/bg.jpg) no-repeat center;
    -webkit-background-size: cover;
    background-size: cover;
    position: relative;          /*相对定位*/
}
.pic h3 {
    color:#fff;
    text-align: right;           /*右对齐*/
    font-size: 50px;
    padding-top: 20px;           /*内上边距*/
    padding-right:50px;
}
.pic span {
    display: block;              /*转换块级元素*/
    width: 240px;
    height: 50px;
    background-color: #bcc9e0;
    color: blue;
    font-size: 25px;
    line-height: 50px;
    position: absolute;          /*绝对定位*/
    right: 110px;
    color: #0b4773;
    text-align: center;
    font-weight: 700;
}
div ul li{
    line-height: 30px;           /*行高30*/
}
ul li a {
    color:purple;
    text-decoration: none;       /*取消链接下划线*/
    font-family: "宋体";
    font-size: 20px;
}
</style>
```

图 7-1-2　CSS 部分

（3）保存当前文档，通过浏览器预览后的页面效果如图 7-1-3 所示。

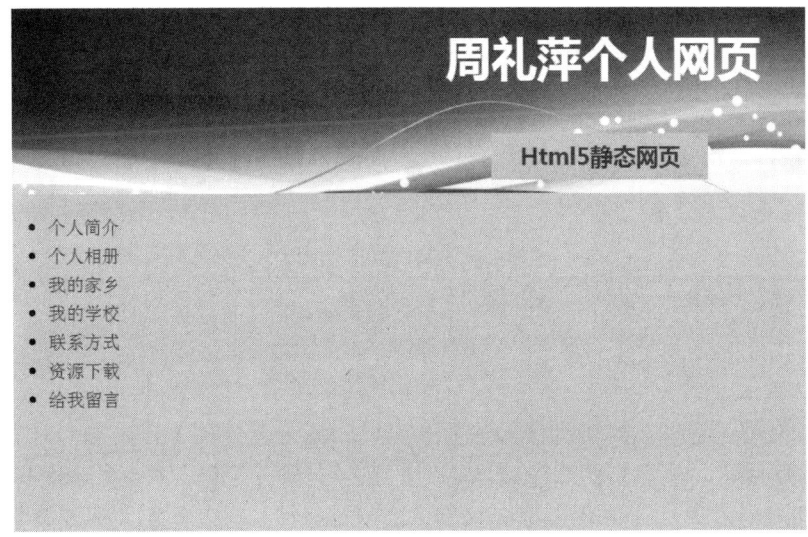

图 7-1-3　页面预览效果

由预览效果可以看出，浏览器会为无序列表中的每个列表项添加一个项目符号，并让其独立占一行，而且每行会根据网页的左边界缩进一定的距离。不同的浏览器对无序列表的解析效果有一定差别，但是总体来说效果十分相似。

## 二、有序列表（ol）的创建

有序列表表示列表中的各个元素有序列之分，从上至下可以由编号 1、2、3、4、5 或 a、b、c、d、e 等形式进行排列。有序列表中的列表项仍用<li>标签进行表示，后期通过改变<ol>和<li>的样式外观即可设计出变化多端的导航。下面来学习创建有序列表。

（1）启动 Sublime_Text 软件，创建文档并命名为 liebiao2.html。

（2）插入有序列表项。按照以下步骤把所有的列表项插入完成后，具体页面结构代码如图 7-1-4 所示。

```
<div class="navbarol">
<ol  class="navol">
  <li><a href="down/WebServer.rar" target="_blank">简易的Web服务器(RAR)</a></li>
   <li><a href="down/WebServer.exe" target="_blank">简易的Web服务器(EXE)</a></li>
   <li><a href="down/Kalimba.mp3" target="_blank">MP3音乐</a></li>
   <li><a href="down/Wildlife.wmv" target="_blank">WMV视频</a></li>
   <li><a href="picture/2.jpg" target="_blank">JPG图片</a></li>
  </ol>
```

图 7-1-4　页面结构代码

（3）保存当前文档，通过浏览器预览后的页面效果如图 7-1-5 所示。

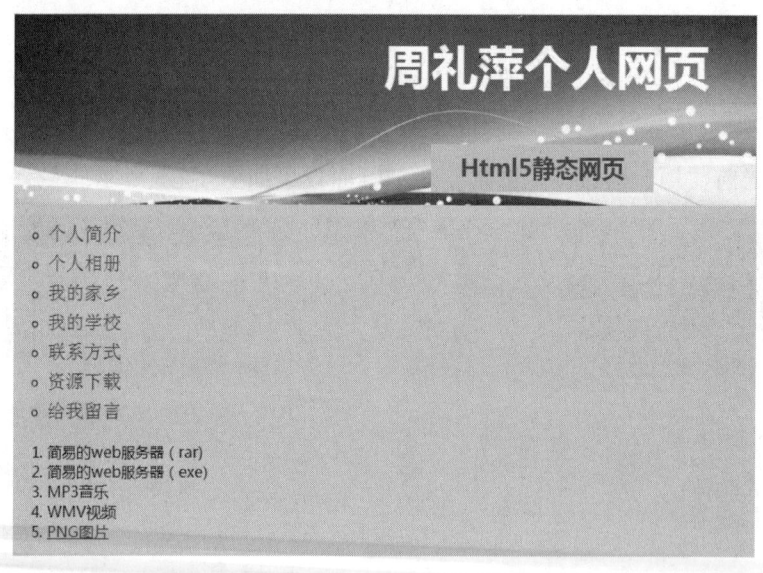

图 7-1-5　有序列表预览效果

由预览效果可以看出，对于有序列表元素来说，浏览器会从 1 开始自动对有序条目进行编号，如果需要使用其他类型的编号或从指定的编号上累计编号，可运用<ol>标签的 type 和start 两个属性。type 属性值 A 代表用大写字母进行编号，1 代表使用大写罗马数字编号（默认为罗马数字编号），i 表示用小字罗马数字编号；start 属性值用于指定有序列表开始点，如图 7-1-6 所示。

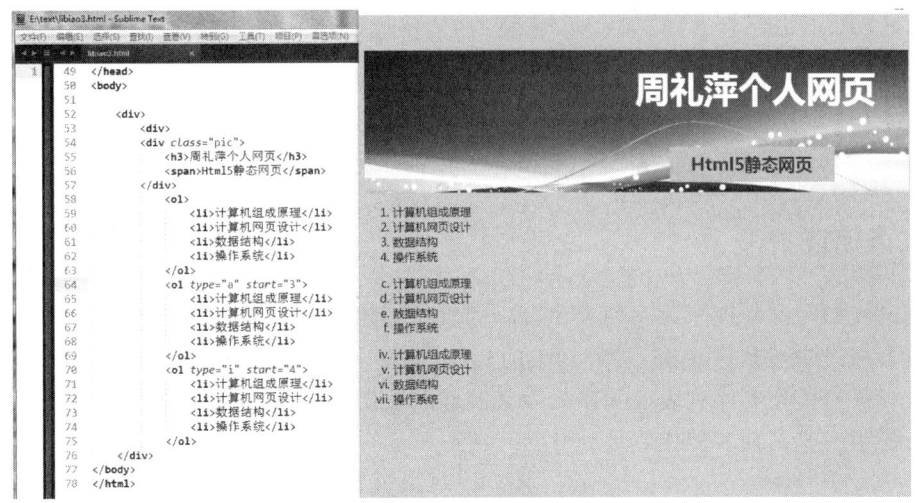

图 7-1-6  有序列表编号样式

## 【知识小结】

本任务要求我们掌握无序列表和有序列表的创建方法，能运用列表制作网页中的导航、列表内容等。同时要理解并灵活运用无序列表和有序列表，掌握它们之间的区别，并灵活运用到将来的网页设计中。

# 任务二　设置列表的样式

## 【任务描述】

前面已经学习并掌握了无序列表和有序列表的创建方法，本任务主要是完成列表样式的创建。读者通过学习掌握 CSS 控制列表的相关属性，并通过一些演练操作加深了解了 CSS 列表属性，最终能用有序列表或无序列表来制作网页中导航并定义其样式；对网页中的列表内容进行排版，达到列表美化效果。

## 【实施说明】

本任务主要是要求读者能掌握无序和有序列表各自的特点及差别，并能定义样式，达到美化页面的效果。

## 【实现步骤】

### 一、CSS 控制列表的相关属性

（1）在 CSS 样式中，列表属性主要有 list-style-image、list-style-position 和 list-style-type 等，其属性及含义如表 7-2-1 所示。

表 7-2-1　CSS 列表属性

| 属性 | 说　明 |
|---|---|
| list-style | 复合属性，用于把所有列表属性设置在一个声明中 |
| list-style-image | 将图像设置为列表项标志 |
| list-style-position | 设置列表项标记如何根据文本排列 |
| list-style-type | 设置列表项标志的类型 |
| marker-offset | 设置标记容器和主容器之间水平补白 |

（2）列表项标志的类型。

在表 7-2-1 中，list-style-type 属性主要用于修改列表项的标志类型。例如在一个无序列表中，列表项的标志是在各列表项旁边出现的小黑点，而在有序列表中，标志可能是数字、字母或是其他特殊的符号，常用的 list-style 属性值如表 7-2-2 所示，在实际运用中，往往在页面初始化中，我们会用 list-style:none;去除无序列表中默认的小点样式。

表 7-2-2　常用的 list-style 属性值

| 属性值 | 说　　明 |
|---|---|
| none | 无标记，不使用项目符号 |
| disc | 默认值，标记是实心圆 |
| circle | 标记是空心圆 |
| square | 标记是实心方块 |
| decimal | 标记是数字 |
| lower-roman | 小写罗马数字，如 i、ii、iii、iv、v |
| upper-roman | 大写罗马数字，如 I、II、III、IV、V |
| lower-alpha | 小写英文字母，如 a、b、c、d、e |
| upper-alpha | 大写英文字母，如 A、B、C、D、E |

## 二、无序列表样式的定义及应用

（1）打开之前创建的 liebiao2.html，结构部分代码如图 7-2-1 所示，然后创建一空白的 CSS 文档并命名为 style.css。

```html
<div class="jl">
    <div class="pic">
        <h3>周礼萍个人网页</h3>
        <span>Html5静态网页</span>
    </div>
    <div class="navbox">
        <ul class="nav">
            <li><a href="#">个人简介</a></li>
            <li><a href="#">个人相册</a></li>
            <li><a href="#">我的爱好</a></li>
            <li><a href="#">我的学校</a></li>
            <li><a href="#">联系方式</a></li>
            <li><a href="#">资源下载</a></li>
            <li><a href="#">给我留言</a></li>
        </ul>
    </div>
    <div class="zw">
        <ol>
            <li><a href="down/websever.rar"></a>简易的web服务器（rar)</li>
            <li><a href="down/websever.exe"></a>简易的web服务器（exe)</li>
            <li><a href="down/kalimba.mp3"></a>MP3音乐</li>
            <li><a href="down/wildlife.wmv"></a>WMV视频</li>
            <li><a href="images/1.png" target="_blank">PNG图片</a></li>
        </ol>
    </div>
</div>
```

图 7-2-1　结构部分

（2）在 style.css 的"代码"中，定义网页中需要的样式类，如整个网页的样式效果、导航外层 div 样式和导航内层 div 样式，如图 7-2-2 所示。

```css
* {
    padding: 0;
    margin: 0;
}
body {
    background-color: #fff;
}
.jl {
    width: 1200px;
    margin: 0 auto;
    background-color: #ccc;
    height: 600px;
}
.navbox {
    overflow: hidden;
    margin-top: 0;
    border:1px solid #EAEAEA;
}
```

图 7-2-2　样式部分代码

（3）对无序列表<ul>、<li>和<li>标签中的<a>标签定义样式，让导航列表变为横向排列，将超链接样式修改为无下划线并修改行高、字体颜色。

（4）在导航上面对选中的栏目加一个不同的背景色，同时也让导航中各栏目之间有一条竖线，如图7-2-3所示。

```css
.navbox .nav>li {
    float: left;
    width: 14.1%;
    list-style: none; /*取消li前面的点*/
    height: 40px;
    border-right: 1px solid #666;/*右边加边线*/
    text-align: center;
}
.navbox .nav>li:last-child {
    border-right: none;  /*去掉导航最右边的边线*/
}
.navbox .nav>li a {
    display: inline-block;
    width: 100%;
    height: 40px;
    line-height: 40px;
    color: #4c49c7;
    font-size: 16px;
    text-decoration: none; /*取消下划线*/
}
```

图 7-2-3　美化栏目代码

（5）对列表中的超链接定义一个效果。默认是一个效果，当鼠标移动到上面时变为另一种效果，具体代码如图7-2-4所示。

```css
.navbox .nav>li a:hover {
    background:#87d4b1;
    color:white;
}
```

图 7-2-4　鼠标经过时样式

（6）将正文有序列表样式前面的"1,2,3"改为"i,ii,iii"，设置行高、内边距等，如图7-2-5所示。

```css
.zw {
    padding: 20px 50px;
}
.zw ol {
    list-style-type: upper-roman; /*修改无序列表的标号*/
}
.zw li {
    height: 40px;
    line-height: 40px;
}
```

图 7-2-5　正文有序列表样式

（7）对整个网页样式的定义和运用，最终浏览效果如图7-2-6所示。

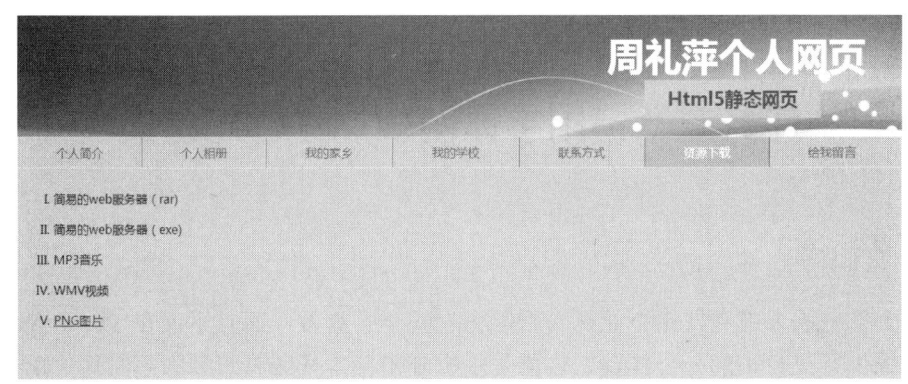

图 7-2-6　列表应用样式效果

本例中所涉及的样式类型有限，这是因为目前有些浏览器并不支持诸如 decimal-leading-zero（0 开始的数字标记）、lower-greek（小写希腊字母）、lower-latin（小写拉丁字母）和（大写拉丁字母）等属性值。

另外，在不同的浏览器中，部分类型修饰符修饰的列表所呈现的效果也不会完全相同，所以建议读者在使用此类修饰符时尽量使用大众化的类型，避免出现效果不同的现象。

读者通过预览效果可以看出，无序列表和有序列表新建时都是竖着排列的，只有通过修改样式才能达到横向排版效果，同时用户可以对列表的高、宽、背景等样式进行定义和修改，从而达到美化页面的效果。虽然有序列表和无序列表有一定的差别，但是总体来说，其操作方式还是十分相似的。

【知识小结】

通过本任务的学习,我们要学习掌握无序列表和有序列表的样式修饰,能运用列表的 CSS 控制列表的样式,以制作出较美观的列表效果等。同时要理解列表的样式控制,掌握它们之间的区别,灵活运用到将来的网页设计中。

# 任务三　运用字体图标制作邮箱首页

## 【任务描述】

现在大部分企业都在使用企业邮箱，因为它安全、高效，而且不仅在 PC 端提供支持，移动端也提供了更自由的办公体验，这就是手机邮箱。本任务将带领大家制作一个手机邮箱的导航页面。

## 【实施说明】

本任务不仅要用到以前学的结构伪类选择器和列表功能，还会用到字体图标。在传统的页面制作过程中，涉及图标问题都是用图片进行处理，图片有优势也有不足。例如使用图片会增加总文件的大小和额外的"http 请求"，增大服务器负担，图片下载时，会增加用户等待时间，造成不好的用户体验，而且图片通常是非矢量图，在移动端高分辨率下会变得模糊。最好的解决方案就是不使用图片，使用与字体一样的矢量图标去代替，这就是图标字体化。

## 【实施步骤】

### 一、字体图标的概念

字体图标，是一种特殊的字体，通过这种字体，显示给用户的就像一张张图片一样。字体图标最大的好处，在于它不会变形和加载速度快。字体图标可以像文字一样，随意通过 CSS 来控制它的大小和颜色，对于建网站来说，非常方便，如图 7-3-1 所示。

图 7-3-1　字体图标库

## 二、Font-Awesome 字体图标

我们常用的字体图标是 Font-Awesome 图标，它是一个开源免费的图标工具。它的使用分为四步：

第一步：通过网站 https://fontawesome.dashgame.com/下载 Font Awesome 最新版，并解压文件，如图 7-3-2 所示。

图 7-3-2    下载 Font-Awesome

第二步：将下载后的文件解压，并复制整个 Font-Awesome 文件夹到项目中，如图 7-3-3 所示。

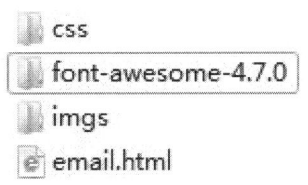

图 7-3-3    Font-Awesome 文件夹

第三步：在 HTML 的 &lt;head&gt; 中引用 font-awesome.min.css。

```
<link rel="stylesheet" href="font-awesome-4.7.0/css/font-awesome.min.css">
```

第四步：选择图标复制类名引入，如：

```
<i class="fa fa-camera-retro"></i>
```

## 三、伪元素 after 和 before

之所以被称为伪元素，是因为它们不是真正的页面元素，HTML 没有对应的元素，但是其所有用法和表现行为与真正的页面元素一样，可以对其使用诸如页面元素一样的 CSS 样式，表面上看上去貌似是页面的某些元素来展现，实际上是 CSS 样式展现的行为。字体图标为了简化结构，经常会和伪元素配合使用。CSS 两个伪元素见表 7-3-1。

表 7-3-1　伪元素

| 选择符 | 简　介 |
|---|---|
| ::before | 在元素内部的前面插入内容 |
| ::after | 在元素内部的后面插入内容 |

注意：

（1）before 和 after 必须有 content 属性；

（2）before 在内容的前面，after 在内容的后面；

（3）before 和 after 创建一个元素，但是属于行内元素；

（4）因为在 demo 里面看不见刚才创建的元素，所以我们称之为伪元素；

（5）伪元素和标签选择器一样，权重为 1。

用法一：添加文字内容，如图 7-3-4 所示。

```
        CSS样式              html结构          显示效果如下：

     <style>                <div>是</div>        我是谁？
        div::before {
            content: "我";
        }

        div::after {
            content: "谁？";
        }
     </style>
```

图 7-3-4　添加文字内容

用法二：添加一个盒子，在结构中看不到，达到简化作用，如图 7-3-5 所示。

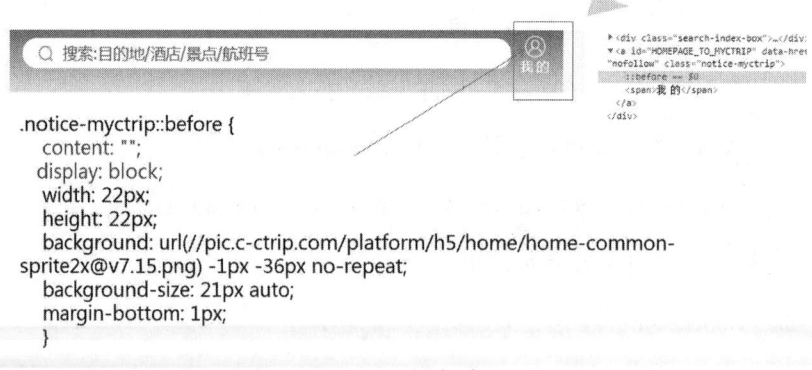

```
.notice-mytrip::before {
    content: "";
    display: block;
    width: 22px;
    height: 22px;
    background: url(//pic.c-ctrip.com/platform/h5/home/home-common-
sprite2x@v7.15.png) -1px -36px no-repeat;
    background-size: 21px auto;
    margin-bottom: 1px;
}
```

图 7-3-5　添加盒子

用法三：用于清除浮动。

```
.clearFix::before,
.clearFix::after {
    content:"";   /*必须要 content:"";属性*/
    display:block;   /*因为伪元素是行内元素，要指定宽高需转换为块级元素*/
```

```
        height:0;
        line-height:0;
        visibility:hidden;
        clear:both;
}
```

用法四：字休图标的引用。

```
.myFont{
        font-family: iconfont;
        }
.smile::before{
        content:"\e641";
        color: red;
        font-size: 50px;
        }
```

现在我们就运用所学知识来完成手机邮箱首页案例，完成效果如图 7-3-6 所示。

图 7-3-6　手机邮箱首页效果

HTML 结构部分代码：

```
<div class="menu">
    <header>我的邮箱</header>
    <nav>
      <ul>
        <li>
          <a href="#">
            <i class="fa fa-envelope"></i>
            <span>收件箱（32）</span>
          </a>
        </li>
```

```html
        <li>
            <a href="#">
                <i class="fa fa-flag"> </i>
                <span>红旗邮箱</span>
            </a>
        </li>
        <li>
            <a href="#">
                <i class="fa fa-book"></i>
                <span>代办邮件</span>
            </a>
        </li>
        <li>
            <a href="#">
                <i class="fa fa-star"></i>
                <span>星级联系人邮件</span>
            </a>
        </li>
        <li>
            <a href="#">
                <i class="fa fa-paper-plane"></i>
                <span>已发送</span>
            </a>
        </li>
        <li>
            <a href="#">
                <i class="fa fa-file"></i>
                <span>草稿箱</span>
            </a>
        </li>
        <li>
            <a href="#">
                <i class="fa fa-trash"></i>
                <span>已删除</span>
            </a>
        </li>
    </ul>
  </nav>
</div>
```

CSS 部分代码:

```
<style>
    * {
        padding: 0; /*清除浏览器自带内边距*/
        margin: 0; /*清除浏览器自带外边距*/


    }
    a {
        text-decoration: none;/*取消链接自带下划线样式*/
        color: #666;
    }
    li {
        list-style: none;   /*取消列表自带的小黑点*/
    }
    .menu {
        width: 300px;
        margin: 50px auto;
        border: 1px solid #ccc;
        border-radius: 10px 10px 0 0;
        overflow: hidden;
    }
    header {
        height: 50px;
        color: #fff;
        background-color: darkgreen;
        line-height: 50px;
        padding-left: 20px;
    }
    nav li {
        height: 40px;
        border-bottom: 1px solid #ccc;
        line-height: 40px;
        padding-left: 20px; /*左边内边距 20 像素*/
    }
    nav i {                          /*设置字体图标盒子的大小*/
        width: 20px;
        height: 20px;
    }
```

```
        nav li:hover {
            background-color: honeydew; /*伪类选择器设置鼠标经过 li 时样式*/
        }
        nav li:hover span {/*鼠标经过时文字颜色的变化*/
            color: #333;
        }

        nav i::before {      /*字体图标在伪元素 before 中，设置字体图标大小*/
            font-size: 20px;
        }
        nav li:nth-child(1) i {/*运用结构伪类设置图标的颜色*/
            color: chartreuse;
        }
        nav li:nth-child(2) i {
            color: red;
        }
        nav li:nth-child(3) i {
            color: purple;
        }
        nav li:nth-child(4) i {
            color: orange;
        }
        nav li:nth-child(5) i {
            color: green;
        }
        nav li:nth-child(6) i {
            color: skyblue;
        }
        nav span {
            margin-left: 10px;
        }
</style>
```

## 【知识小结】

本任务通过对字体图标和伪元素的学习，掌握了 Font-Awesome 提供可缩放的矢量图标，可以使用 CSS 所提供的所有特性对它们进行更改，包括大小、颜色、阴影或者其他任何支持的效果，而且字体图标一般会和伪元素配合使用。

# 任务四　表格的基本结构

## 【任务描述】

表格主要用于在 HTML 页面上显示表格式数据，以及对文本和图形进行布局。本任务详细讲述了如何使用 Sublime_Text 建立表格，设置表格属性，在表格中添加数据内容，修改并调整单元格，如何合并、拆分单元格，添加和删除行、列，以及插入其他源表格等。通过本任务的学习，读者能学会创建表格，设置表格及单元格的属性值，在表格中添加数据。

## 【实施说明】

在开始使用表格进行网页布局前，本任务首先对表格各部分的名称进行介绍；再根据对表格的了解在 Sublime_Text 中插入表格，在表格中添加内容，学习表格的拆分、合并、删除，学习表格和单元格的属性设置，逐步掌握网页中表格的基本结构，最终能独立利用表格进行一个网页的整体布局。

## 【实现步骤】

### 一、认识表格

在网页设计中，表格可以用来布局排版，进行网页的整体布局。如图 7-4-1 所示，一张表格横向叫行，纵向叫列，行列交叉的部分就称为单元格。单元格是网页布局的最小单位。有时为了布局需要，可以在单元格内插入新的表格，有时可能需要在表格中反复插入新表格，以实现更复杂的布局。单元格中的内容和边框之间的距离称为边距。单元格和单元格之间的距离称为间距。整张表格的边缘称为边框。

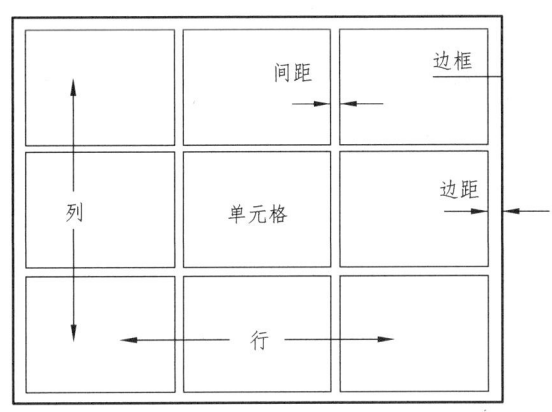

图 7-4-1　表格各部分的名称

另外，在代码视图中，如果要定义一个表格，就要使用<table></table>标记。表格的每一行使用<tr></tr>标记，表格中的内容要用<td></td>标记。表列实际上是存在于表的行中。建立如图 7-4-1 所示的表格需要的 HTML 代码如图 7-4-2 所示。

```html
<!DOCTYPE html>
<html lang="en">
<head>
    <meta charset="UTF-8">
    <title>表格</title>
</head>
<body>
    <table width="400px" border="1" height="100px" bgcolor="pink" align="center">
        <tr>
            <td></td>
            <td></td>
            <td></td>
        </tr>
        <tr>
            <td></td>
            <td></td>
            <td></td>
        </tr>
        <tr>
            <td></td>
            <td></td>
            <td></td>
        </tr>
    </table>
</body>
</html>
```

图 7-4-2　HTML 代码

利用<table>标记来告诉计算机定义一个表格，　border=1 是设定表格的框线粗细。一级<tr></tr>是设定一个行的开始。一级<td></td>则是设定一个列。文字就写在这里面。另外，用户还可以自己设定表格的"宽"及"高"，如<table width="400px" border="1" height="100px">表示表格的宽为 400 像素，高为 100 像素；利用 align="center"可以让表格对象居中对齐；利用 bgcolor="pink"将表格的背景颜色设为粉红色。这就是表格的一些常用属性，见表 7-4-1。

表 7-4-1　表格基础属性

| 属性名 | 含义 | 常用属性值 |
|---|---|---|
| border | 设置表格的边框（默认 border＝"0"，无边框） | 像素值 |
| cellspacing | 设置单元格与单元格边框之间的空白间距 | 像素值（默认为 2 像素） |
| cellpadding | 设置单元格内容与单元格边框之间的空白间距 | 像素值（默认为 1 像素） |
| width | 设置表格的宽度 | 像素值 |
| height | 设置表格的高度 | 像素值 |
| align | 设置表格在网页中的水平对齐方式 | left、center、right |

## 二、使用表格

表格是用于在页面上显示表格式数据以及对文本、图形进行布局的工具，可以控制文本和图形在页面上出现的位置。

使用 Sublime_Text 创建一个表格并对表格设置基本参数，具体操作过程如下：

（1）创建一个表格，代码如下：

```
<table>
  <tr>
    <td>单元格内的文字</td>
<td>单元格内的文字</td>
    ...
  </tr>
  ...
  <tr>
    <td>单元格内的文字</td>
<td>单元格内的文字</td>
    ...
  </tr>
</table>
```

&lt;table&gt;用于定义一个表格。&lt;tr&gt; 用于定义表格中的一行，必须嵌套在&lt; table&gt;标签中，在 &lt;table&gt;中包含几对&lt; tr&gt;，就有几行表格。&lt;td&gt;用于定义表格中的单元格，必须嵌套在&lt;tr&gt;&lt;/tr&gt;标签中，一对 &lt;tr&gt; &lt;/tr&gt;中包含几对&lt;td&gt;&lt;/td&gt;，就表示该行中有多少列（或多少个单元格）。

注意：

① &lt;tr&gt;&lt;/tr&gt;中只能嵌套&lt;td&gt;&lt;/td&gt;。

② &lt;td&gt;&lt;/td&gt;标签。就像一个容器，可以容纳所有的元素。

（2）创建表格行列数。

按步骤（1）所示输入想要创建表格的行列数、表格宽度、边框粗细值、单元格边距和单元格间距的值，书写完各项属性值后，可编辑一个 9 行 5 列的表格。提示：可以在&lt;table&gt;标签里输入 tr*9&gt;td*5，加 Tab 键快速生成。

（3）设置表格的基本参数。

表格创建后，可以设置表格的宽度（width）、高度（height）、外边框（border）以及单元格和单元格之间的距离（cellspacing）、内容与单元格之间的内边距（cellpadding）值。也可以用 CSS 元素进行编辑，代码如下：

```
<style>
        table {
margin-top: 40px;                    /*距离浏览器 40 像素*/
        width: 800px;                /*表格宽度*/
        border: 5px double #000;     /*表格外边框 5 像素的黑色双线边框*/
        border-collapse:collapse;    /*等同于 HTML 中的 cellspaci=0,单元之间没有间隙*/
        margin: 0 auto;              /*表格在浏览器中居中*/
        text-align: center;          /*内容在单元格中居中*/
```

```
        }
    td {
            color: #666;                        /*单元格内容字体颜色*/
            width: 50px;                        /*单个单元格宽度*/
            height: 40px;                       /*单个单元格高度*/
            border: 1px solid #000;             /*单元格 1 像素黑色实线边框*/
            line-height: 30px;                    /*文字垂直对齐*/
            font-size: 20px;

        }
    </style>
```

（4）输入内容。

可以在单元格内插入文本或者图片元素，如图 7-4-3 所示。

| 姓名 | | 性别 | | 照片 |
|------|------|------|------|------|
| 民族 | | 籍贯 | | |
| 身份证号 | | | | |
| 家庭住址 | | | | |
| 学习经历 | | | | |
| 时间 | 学校 | 专业 | 证明人 | |
| | | | | |
| | | | | |
| | | | | |

图 7-4-3　表格中录入文字后效果

## 三、合并表格单元格示例 —— 规划个人简历

（1）在图 7-4-3 的基础上添加表格标题。<caption> 元素定义表格标题，<caption>标签必须紧随<table>标签之后。每个表格只能定义一个标题，通常这个标题会居中于表格之上。代码如下：

```
<table>
  <caption>我是表格标题</caption>
</table>
```

这里我们设置标题为<caption>个人简历</caption>，同时在样式里面注明标题字号为 40px，距离表格部分 20px 距离，代码如下：

```
caption {
            font-size: 40px;
            margin-bottom: 20px;

        }
```

（2）合并单元格，跨行合并的命令是 rowspan，跨列合并的命令是 colspan。合并单元格的思想是：将多个内容合并时，就会有多余的单元格，正确选择并把它删除。

例如：把 3 个 td 合并成 1 个，那就多余了 2 个，需要删除。

公式：

删除的个数 = 合并的个数 - 1

合并的顺序：先上后下，先左后右。

合并思路如图 7-4-4 所示，完成后效果如图 7-4-5 所示。

# 个人简历

| 姓名 | | 性别 | | 照片 |
|---|---|---|---|---|
| 民族 | | 籍贯 | | 跨行进行合并，4行并1行，多余3行删除 |
| 身份证号 | 跨列合并，3列并1列，多余2列删除 | | | |
| 家庭住址 | 跨列合并，3列并1列，多余2列删除 | | | |
| 学习经历 | 跨列合并，4列并1列，多余3行删除 | | | |
| 时间 | 学校 | 专业 | 证明人 | |
| | | | | |
| | | | | |
| | | | | |

图 7-4-4　合并思路

# 个人简历

| 姓名 | | 性别 | | 照片 |
|---|---|---|---|---|
| 民族 | | 籍贯 | | |
| 身份证号 | | | | |
| 家庭住址 | | | | |
| 学习经历 | | | | |
| 时间 | 学校 | 专业 | 证明人 | |
| | | | | |
| | | | | |
| | | | | |

图 7-4-5　合并单元格完成后的效果

参考代码如下：

```
<table>
    <caption> 个人简历 </caption>
```

```html
<tr>
    <td>姓名</td>
    <td></td>
    <td>性别</td>
    <td></td>
    <td rowspan="4">照片</td> <!--跨行合并,4行并1行,自上而下,删除下面多余3行-->
</tr>
<tr>
    <td>名族</td>
    <td></td>
    <td>籍贯</td>
    <td></td>
</tr>
<tr>
    <td >身份证号</td>
    <td colspan="3"></td><!--跨列合并,3行并1行,自左而右,删除右面多余2个tr-->
</tr>
<tr>
    <td>家庭住址</td>
    <td colspan="3"></td> <!--跨列合并,3行并1行,自左而右,删除右面多余2个tr-->
</tr>
<tr>
    <td colspan="5">学习经历</td><!--跨列合并,5行并1行,删除右面多余4个tr-->
</tr>
<tr>
    <td>时间</td>
    <td>学校</td>
    <td>专业</td>
    <td colspan="2">证明人</td><!--跨列合并,2行并1行,删除右面多余1个tr-->
</tr>
<tr>
    <td></td>
    <td></td>
    <td></td>
    <td colspan="2"></td>
</tr>
<tr>
    <td></td>
    <td></td>
```

```
                <td></td>
                <td colspan="2"></td>
            </tr>
            <tr>
                <td></td>
                <td></td>
                <td></td>
                <td colspan="2"></td>
            </tr>
        </table>
    </body>
```

表格常见 CSS 属性见表 7-4-2。

表 7-4-2　表格常见 CSS 属性

| 属性 | 属性值及其含义 | | 说明 |
|---|---|---|---|
| border-collapse | separate | 边框独立 | 设置表格的行和单元格的边框是否合并在一起 |
| | collapse | 边框合并 | |
| border-spacing | length | 由浮点数字和单位标识符组成的长度值，不可为负值 | 当设置表格为边框独立时,行和单元格的边在横向和纵向上的间距。当指定一个 length 值时，这个值将作用于横向和纵向的间距；当指定了两个 length 值时，第一个作用于横向间距，第二个作用于纵向间距 |
| caption-side | top | 把表格标题定位在表格之上 | 设置表格的 caption 对象是在表格的哪一边，它是和 caption 对象一起使用的属性 |
| | right | 把表格标题定位在表格之右 | |
| | bottom | 把表格标题定位在表格之下 | |
| | left | 把表格标题定位在表格之左 | |
| empty-cells | Show（默认值） | 显示边框 | 设置表格的单元格无内容时,是否显示该单元格的边框(仅当表格行和列的边框独立时此属性才生效) |
| | hide | 隐藏边框 | |

**【知识小结】**

本任务主要讲解了表格的使用以及如何布局表格进行网页布局，读者应掌握表格的基本操作，如何选择、合并表格以及向表格中添加内容。

通过本任务的学习，读者要了解如何创建表格以及掌握表格的基本结构；能运用表格进行一般网页的页面布局、排版；能在表格中插入图像和文字元素；完成网页中的一些常规布局工作等；同时在将来的网页设计中能灵活运用表格的合并、对齐方式等。

# 项目八 媒体与表单

## 【项目简介】

网页是构成网站的基本元素，而多媒体、文字、图片和音乐等又是网页基本元素。这些基本元素的使用不但是制作网页的基本要求，同时也是创建一个美观、形象和生动网页的基础。通过本项目的学习，用户可以掌握添加和编辑网页中各种元素的方法，以制作出丰富多彩的网页，为整个网站添加活力做好准备工作。

## 【学习目标】

（1）了解网页构成的基本元素。
（2）掌握制作有背景音乐网站的方法。
（3）掌握为网页添加多媒体元素的方法。
（4）掌握为网页添加 Flash 文件的方法。

# 任务一　添加音乐播放器与背景音乐

## 【任务描述】

背景音乐能营造一种气氛，现在很多网站管理者为突出自己的个性，都喜欢添加自己喜欢的音乐。本任务就是为网站中的 music.html 网页文档添加背景音乐，以提升和突出网站个性。

## 【实施说明】

本任务主要是通过新建网页 music.html，并为其插入一段背景音乐，从而学习了解网页中插入音乐文件作为背景音乐的方法，再对音乐中的一些属性进行设置，最终能熟练地在网页中添加背景音乐并设置完善相关属性。

## 【实现步骤】

下面是创建背景音乐的具体步骤（此任务的背景音乐素材放置于本项目素材"images"文件夹中，可通过扫描扉页二维码获取）。

（1）执行"文件"|"新建"命令，新建一个空白文档，命名为"music.html"。

（2）HTML5 提供了播放音频文件的标准，<audio>是播放音频的标签。<audio>支持三种音频格式文件：mp3、wav 和 ogg，它们的兼容性见表 8-1-1，音频格式类型见表 8-1-2。

表 8-1-1　浏览器兼容性

| 浏览器 | mp3 | wav | ogg |
|---|---|---|---|
| InternetExplorer | 兼容 | 不兼容 | 不兼容 |
| Chrome | 兼容 | 兼容 | 兼容 |
| Firefox | 兼容 | 兼容 | 兼容 |
| Safari | 兼容 | 兼容 | 不兼容 |
| Opera | 兼容 | 兼容 | 兼容 |

表 8-1-2　音频格式类型

| 音频格式 | MIME 类型 |
|---|---|
| mp3 | audio/mpeg |
| ogg | audio/ogg |
| wav | audio/wav |

考虑到兼容问题多备两种格式，并且设置了自动播放 autoplay，代码如下：

```
<audio autoplay>
        <source src="kn.mp3" type="audio/mpeg">
        <source src="kn.ogg" type="audio/ogg">
        您的浏览器版本太低！
</audio>
```

（3）在浏览器中浏览，页面加载后会听到音乐，但是无法控制，这里我们需要设置 controls 后，页面上会有一个播放条，同时还需要设置循环次数 loop。如果该属性默认播放一次，想要实现设置无限循环，可用 loop 或者 loop = "loop" 表示。audio 属性见表 8-1-3。

表 8-1-3　audio 属性

| 属性 | 值 | 描述 |
| --- | --- | --- |
| autoplay | autoplay | 如果出现该属性，则音频在就绪后马上播放 |
| controls | controls | 如果出现该属性，则向用户显示控件，如播放按钮 |
| loop | loop | 如果出现该属性，则每当音频结束时重新开始播放 |
| muted | muted | 规定视频输出应该被静音 |
| preload | preload | 如果出现该属性，则音频在页面加载时进行加载，并预备播放<br>如果使用 "autoplay"，则忽略该属性 |
| src | url | 要播放的音频的 URL |

这里我们可以设置为：

```
<audio autoplay   controls   loop>
        <source src="kn.mp3" type="audio/mpeg">
        <source src="kn.ogg" type="audio/ogg">
        您的浏览器版本太低！
</audio>
```

## 【知识小结】

通过对本任务的学习，读者能够运用在网页中插入背景音乐文件并设置属性，让网页更具活力。除此之外，也可以在<head>标签里添加<embed>进行插入背景音乐。如：<embed src="qbd.mp3" autoplay="autoplay" loop="loop" width="0px" height="0px">

# 任务二　添加视频

## 【任务描述】

多媒体技术是当今 Internet 的一个重要支持属性。因此，对网页设计也提出了更高要求，在网页中，可以快速、方便地为网页添加声音、影片等多媒体内容，使网页更加生动，还可以插入和编辑多媒体文件和对象，如 Flash 动画、Java Applets、ActiveX 控件等。

## 【实施说明】

本任务主要是通过学习插入 Flash 对象和插入影片，读者最终能熟练地在网页中插入多媒体内容和完善相关属性。

## 【实现步骤】

### 一、插入 Flash 对象

目前，Flash 动画是网页上较流行的动画格式，被大量用于网页中。在 Sublime_Text 中，它将声音、图像和动画等内容加入一个文件中，并能制作较好的动画效果，同时还使用了优化的算法将多媒体数据进行压缩，使文件变得很小，因此，非常适合在网络上传播。

下面是插入 Flash 对象的步骤（本任务中所用素材在"module04\4_5"文件夹中，可通过扫描扉页二维码获取）。

<embed>可以用来插入各种多媒体，格式可以是 midi、wav、aiff、au、mp3 等。使用<embed></embed>标记动画会自动缩小，可以嵌入 div 中，高度和宽度用 height 和 width 设置属性。embed 的属性见表 8-2-1。

表 8-2-1　embed 的属性

| 属性 | 值 | 描述 |
|---|---|---|
| height | pixels | 设置嵌入内容的高度 |
| src | url | 购入内容的 URL |
| type | type | 定义购入内容的类型 |
| width | pixels | 设置嵌入内容的宽度 |

```
<embed src="module04\4_5.swf"></embed>
```

### 二、网页中插入影片

与<audio>一样，<video>是插入视频播放的元素，见表 8-2-2。

表 8-2-2  video 的属性

| 属性 | 值 | 描述 |
|------|------|------|
| autoplay | autoplay | 如果出现该属性，则视频在就绪后马上播放 |
| controls | controls | 如果出现该属性，则向用户显示控件，如插放按钮 |
| height | pixels | 设置视频播放器的高度 |
| loop | loop | 如果出现该属性，则当媒介文件完成插放后再次开始播放 |
| muted | muted | 规定视频的音频输出应该被静音 |
| poster | URL | 规定视频下载时显示的图像，或者在用户点击播放按钮前显示的图像 |
| preload | preload | 如果出现该属性，则视频在页面加载时进行加载，并预备插放。如果使用"autoplay"，则忽略该属性 |
| src | url | 要播放的视频的 URL |
| width | pixels | 设置视频播放器的宽度 |

所需要的素材 video.mpeg 文件。

需要注意的是，谷歌浏览器把音频和视频标签的自动播放都禁止了，解决方法是给视频添加<muted>（静音播放）标签。如果不需要自动播放，在加载前可以展示图片等待，如：

```
<video controls="controls"   muted="muted"   poster= "images/pic.jpg">
<source src="video.mp4" type="audio/mp4">
            <source src="video.ogg" type="audio/ogg">
      您的浏览器版本太低！

</video>
```

然而在实际操作中，如果视频文件比较大，可以先上传到公众网站上，如优酷、土豆、爱奇艺、腾讯、乐视等，再通过分享的方式进行使用。操作方法可参考图 8-2-1。

图 8-2-1  优酷分享

<iframe> 标签支持 HTML 中的事件属性。直接复制代码到网页中即可，代码如下：

```
<iframe    height=498    width=510    src='http://player.youku.com/embed/XNDMxMzYwNDEzNg=='
frameborder=0 'allowfullscreen'></iframe>
```
效果如图 8-2-2 所示。

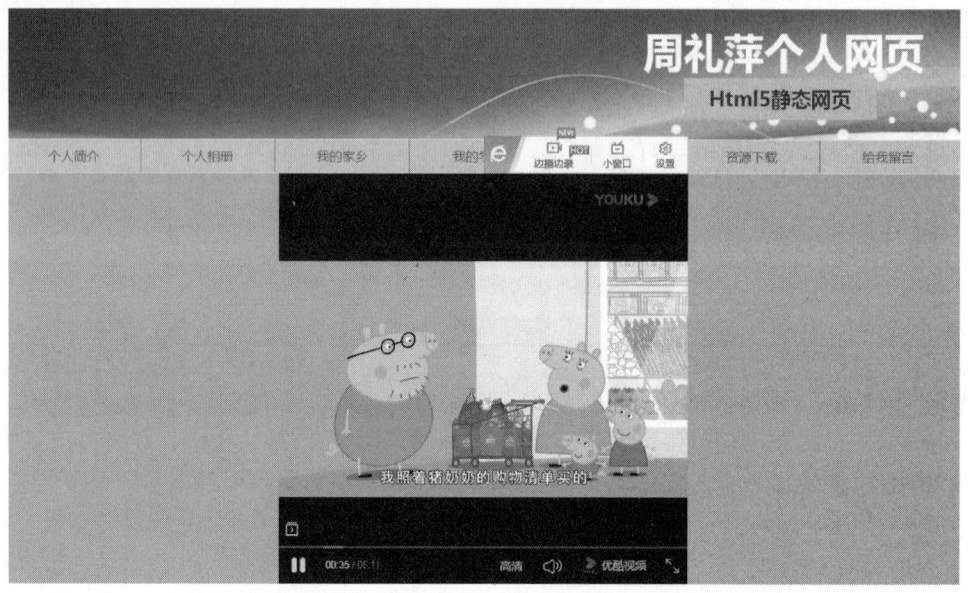

图 8-2-2　iframe 方式效果

## 【知识小结】

通过对本任务的学习，读者能够运用 Sublime_Text 完成在网页中插入影片文件和 Flash 文件，并设置文件属性，为网页添加活力。

# 任务三　创建表单及元素

## 【任务描述】

目前很多网站都要求访问者填写表单进行注册，以收集用户资料、获取用户订单、登录用户等，表单已成为网站实现互动功能的重要组成部分。表单是网页管理者与访问者之间进行动态数据交换的一种交互方式。

从表单的工作方式来看，表单在开发过程中分为两部分：一是在网页上制作具体表单项目，这一部分称为前端；另一部分是编写处理表单信息的应用程序，这一部分称为后端，如 JSP、ASPX、CGI、PHP、ASP 等。本任务主要讲解前端设计，后台开发实现将在后面介绍。

通过本节内容的学习，读者能掌握各种表单的创建及使用方法，能够借助 CSS 对表单进行美化。

## 【实施说明】

本任务主要是通过设计制作一个在线留言簿页面，从而能够熟练掌握创建表单、添加表单字段的方法，并能掌握创建 CSS 样式表，定义相应的样式类对表单进行美化等。

## 【实现步骤】

## 一、认识表单对象

表单相当于一个容器，它容纳了承载数据的表单对象，其中包含文本框、复选框、单选按钮、复选框、弹出菜单等对象。在 HTML 中，一个完整的表单通常由表单控件（也称为表单元素）、提示信息、表单域三个部分构成，如图 8-3-1 所示。

图 8-3-1　表单的构成

（1）表单控件：包含了具体的表单功能项，如单行文本输入框、密码输入框、复选框、提交按钮、重置按钮等。

（2）提示信息：一个表单中通常还需要包含一些说明性的文字，提示用户进行填写和操作。

（3）表单域：相当于一个容器，用来容纳所有的表单控件和提示信息，可以通过它定义处理表单数据所用程序的 URL 地址，以及数据提交到服务器的方法。如果不定义表单域，表单中的数据就无法传送到后台服务器。

这里我们重点介绍<input>标签，HTML 里的<input> 元素用于为基于 Web 的表单创建交互式控件，以便接收来自用户的数据；可以使用各种类型的输入数据和控件小部件。<input />标签为单标签，type 属性为其最基本的属性，其取值有多种，用于指定不同的控件类型。除type 属性外，<input />标签还能定义很多其他的属性，常见部分属性见表 8-3-1。

表 8-3-1　input 常见属性

| 属性 | 属性值 | 描述 |
|---|---|---|
| type | text | 单行文本输入框 |
| | password | 密码输入框 |
| | radio | 单选按钮 |
| | checkbox | 复选框 |
| | button | 普通按钮 |
| | submit | 提交按钮 |
| | reset | 重置按钮 |
| | image | 图像形式的提交按钮 |
| | file | 文件域 |
| name | 由用户自定义 | 控件的名称 |
| value | 由用户自定义 | input 控件中的默认文本值 |
| size | 正整数 | input 控件在页面中的显示宽度 |
| checked | checked | 定义默认被选中的项 |
| maxlength | 正整数 | 控件允许输入的最多字符数 |

## 二、留言簿网页 guest.html 的创建及表单内容的添加

（1）用 Sublime_Text 创建一个空白的 HTML5 文档，保存并命名为 guest.html。

（2）运用所学的表格知识建立框架结构。在 HTML 中，<form>标签被用于定义表单域，即创建一个表单，以实现用户信息的收集和传递，form 中的所有内容都会被提交给服务器。创建表单的基本语法格式：

```
<form  action="url 地址"  method="提交方式"  name="表单名称"> 各种表单控件</form>
```

其中常用属性有：

action：在表单收集到信息后，需要将信息传递给服务器进行处理，action 属性用于指定接收并处理表单数据的服务器程序的 url 地址。

method：用于设置表单数据的提交方式，其取值为 get 或 post。

name：用于指定表单的名称，以区分同一个页面中的多个表单。

注意：每个表单都应该有自己的表单域。

建立表单域后，我们用 input 的常用属性进行录入，代码如图 8-3-2 所示，浏览效果如图 8-3-3 所示。

```html
<div class="liuyan" clearfix>
    <form action="#" method="post" name="gust">
        <table cellspacing="0" cellspacing="0">
            <caption>给我留言</caption>
            <tr>
                <td width="100px">姓名</td>
                <td width="300px"><input type="text" placeholder="请输入用户名"></td><!-- placeholder占位符 -->
            </tr>
            <tr>
                <td>性别</td>
                <td>
                    <input type="radio" name="sex" id="boy" checked>男 <!-- radio单选按钮 -->

                    <input type="radio" name="sex" id="girl">女 <!--   定义相同组名才可以单选 -->
                </td>
            </tr>
            <tr>
                <td>密码</td>
                <td><input type="password" name="psw" id="" value="123456" maxlength="6" ></td>
                <!-- password为密码属性, value提示信息,  maxlength输入最大字符数 -->
            </tr>
            <tr>
                <td >兴趣</td>
                <td>
                    <input type="checkbox" name="aihao" id=""> 运动    <!-- chenckbox表示复选框 -->
                    <input type="checkbox" name="aihao" id=""> 游戏 <br/><!--  name命名相同表示同一组组 -->
                    <input type="checkbox" name="aihao" id="" checked="checked"> 旅游    
                    <!-- checked="checked"表示默认选中 -->
                    <input type="checkbox" name="aihao" id="" checked="checked"> 购物
                </td>
            </tr>
        </table>
    </form>
</div>
```

图 8-3-2　录入代码

图 8-3-3　浏览效果

placeholder：属性占位符，当用户输入时里面的文字消失，删除所有文字，自动返回。

（3）使用<select>控件定义下拉菜单的基本语法格式如下：

```
<select>
<option>选项 1</option>
<option>选项 2</option>
<option>选项 3</option>

...
```

```
</select>
```

接下来，所属院系用下拉菜单控件编辑，代码如下：

```
<tr>
<td>所属院系</td>
<td>
<select name="" id="">
    <option>请选择你的院系:</option>
    <option value="yx" selected="selected">人工智能学院</option>
<!-- selected="selected"表示默认选中 -->
    <option value="yx">智能制造学院</option>
    <option value="yx">艺术与教育学院</option>
    <option value="yx">汽车工程学院</option>
    <option value="yx">建筑工程学院</option>
    <option value="yx">经济管理学院</option>
</select>
</td>
</tr>
```

（4）如果需要输入大量的信息，就需要用到&lt;textarea&gt;&lt;/textarea&gt;文本域标签。通过 textarea 控件可以轻松地创建多行文本输入框，其基本语法格式如下：

```
<textarea    cols="每行中的字符数"    rows="显示的行数">
    文本内容
</textarea>
输入代码
<tr>
    <td>给我留言</td>
    <td>
<textarea name="" id="" cols="30" rows="8"></textarea>
</td>
</tr>
```

（5）用 input 的提交和重置按钮进行添加，代码如下：

```
<tr>
<td colspan="2" class="anniu">
    <input type="submit" value="提交"id="sm">   <!-- 提交按钮 -->
    <input type="reset" value="重置" id="rs">   <!-- 重置按钮 -->
</td>
</tr>
```

预览效果如图 8-3-4 所示。

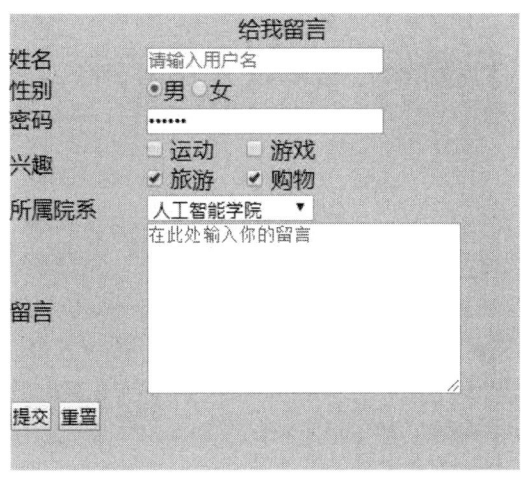

图 8-3-4　预览效果

通过预览效果可以看出，表单中内容能展现出来，但样式不是那么美观，所以接下来需要对表单添加样式。

## 【知识小结】

通过对本任务的学习，读者能够根据网页需要，快速完成表单和表单对象的创建，并进行简单的布局。

# 任务四 设置表单的样式

## 【任务描述】

表单的创建非常简单，但是要让表单看起大气、优美，就需要定义表单样式。在 CSS 中没有特别用于表单的专有属性，这里使用 CSS 样式表对表单进行控制，其实就是对表单域中的元素进行美化。这里以美化提交信息页面为例，向读者介绍 CSS 是如何控制表单的。通过本任务的学习，读者能掌握各种表单样式的优化方法，能够借助 CSS 对表单进行美化。

## 【实施说明】

本任务主要介绍对留言表单界面进行样式优化的示例。通过本任务的学习，读者能够熟练掌握创建表单、添加表单字段的方法，并能掌握 CSS 样式表的创建方法，以及定义相应的样式类对表单进行美化。在进行样式表优化的过程中，用户一定要注意所定义的类的名字要有意义，以方便阅读和修改，并且要有针对性的定义。

## 【实现步骤】

优化表单中表格及各单元格样式：
定义一个 CSS 样式表文件 style.css，最终效果如图 8-4-1 所示，具体样式代码如图 8-4-2 所示。

图 8-4-1 网页添加样式后效果

```
.liuyan {
    background: url(images/lybj.jpg) no-repeat center;
    height: 800px;  /*留言盒子高800px*/
}
.liuyan form {
    padding-left: 440px;  /*表单域的内边距*/
    padding-top:210px;
}
.liuyan input {
    border:0;  /*取消input原有边框线*/
    border-bottom: 1px solid #999;  /*添加下边框线*/
}
.liuyan caption{
    margin-bottom: 10px;
    font-size: 22px;
    letter-spacing:8px; /*标题字符间距*/
}
.liuyan table td {
    height: 40px;
    line-height:40px;
    text-align: left;
    border:1px solid #666;
    padding-left: 20px;
}
.liuyan .anniu {
    text-align: center;
}
.liuyan #rs, .liuyan #sm{  /*id选择器设置两个按钮位置*/
    margin-left: 20px;
    width: 40px;
    height: 30px;
}
#girl {
    margin-left: 20px;
}
```

图 8-4-2　style.css 样式代码

在 HTML5 中表单新增属性和 input-type 的新增属性，分别见表 8-4-1 和表 8-4-2。

表 8-4-1　新增常用属性

| 属性 | 含义 | 用法 |
|---|---|---|
| placeholder | 占位符，当用户输入的时候，里面的文字消失，删除所有文字，自动返回 | &lt;input type="text" placeholder = "请输入用户名" |
| autofocus | 规定当页面加载时 input 元素应该自动获得焦点 | &lt;input type="text" autofocus&gt; |
| multiple | 多文件上传 | &lt;input type="file"multiple&gt; |
| required | 必填项，内容不能为空 | &lt;input type="file"required&gt; |
| accesskey | 规定激活（使元素获得焦点）的快捷键，采用 Alt+s 的形式 | &lt;input type="file"accesskey="s"&gt; |

表 8-4-2　input 新增属性

| 值 | 描述 |
|---|---|
| email | 定义用于 email 地址的文本字段 |
| url | 定义用于 URL 的文本字段 |
| date | 定义日期字段（带有 calendar 控件），选取日、月、年 |
| time | 定义日期字段的时、分（带有 tme 控件） |
| datetime | 定义日期字段（带有 calendar 和 tme 控件，选取 UTC 时间） |
| datetime-local | 定义日期字段（带有 calendar 和 time 控件，选取本地时间） |
| month | 定义日期字段的月（带有 calendar 控件） |
| week | 定义日期字段的周（带有 calendar 控件） |
| number | 定义带有 spinner 控件的数字字段 |
| range | 定义用于应该包含一定范围内数字值的输入域显示为滑动条 |
| search | 定义用于搜索的文本字段 |
| tel | 定义用于电话号码的文本字段 |
| color | 定义拾色器 |

## 【知识小结】

通过对本任务的学习，读者能够运用 CSS 样式表对表单进行样式的定义和应用，能够对表单对象进行样式的定义和美化。

# 任务五  表单提交后传值的实现

## 【任务描述】

完成表单的创建和优化之后，接下来完成表单提交时的验证和传值功能。本任务的目的就是当我们点击"提交"按钮时，能把表单对象中的值传递到另一个页面中，在学习完数据库相关知识后，用户就可以把传的值存入数据库，从而实现动态的数据存取功能。本任务将用简单的 ASP 动态程序实现表单数据的传值功能。

## 【实施说明】

本任务主要讲解和练习对留言表单进行传值。通过一个留言表单的动态页面，实现表单中动态传值和验证功能。注意，需要传值就要考虑页面是否是动态程序支持的页面，所以这里需要把原来的静态网页转化为动态页面才能实现动态传值功能的测试和练习。

## 【实现步骤】

（1）在留言页面的表单中将"action="设置成提交到 save.asp 页面，如图 8-5-1 所示，在 save.asp 页面中输出相应的表单字段的内容。

```
<html>
<head>
<meta charset="utf-8">
<title>在线留言</title>
<link rel="stylesheet" type="text/css" href="style1.css">

</head>
<body>
<div style="padding:10px; min-height:200px">
<form name="form1" method="post" action="save.asp" class="form-inline">
  <div class="container">
   <table style="max-width:480px;" align="center" border="0" cellpadding="5" cellspacing="1" bgcolor
="#999999" class="table table-bordered">
     <tr>
       <td colspan="2"   style="text-align:center" bgcolor="#FFFFFF" class="titlefont">给我留言</td>
     </tr>
     <tr>
       <td width="104" style="text-align:right" bgcolor="#FFFFFF">姓名: </td>
       <td width="353" bgcolor="#FFFFFF"><input name="xm" type="text" class="td_bline" id="xm"
required placeholder="请输入您 的姓名"></td>
     </tr>
     <tr>
       <td style="text-align:right" bgcolor="#FFFFFF">性别: </td>
       <td bgcolor="#FFFFFF">
         <label>
           <input name="xb" type="radio" id="xb_0" value="男" checked>
         男</label>
         <label>
           <input type="radio" name="xb" value="女" id="xb_1">
         女</label>
       </td>
     </tr>
```

图 8-5-1  表单提交按钮设置

（2）新建一动态网页并保存。点击"新建"|"空白页""ASP VBScript"，如图 8-5-2 所示，保存为 save.asp 文件，如图 8-5-3 所示。

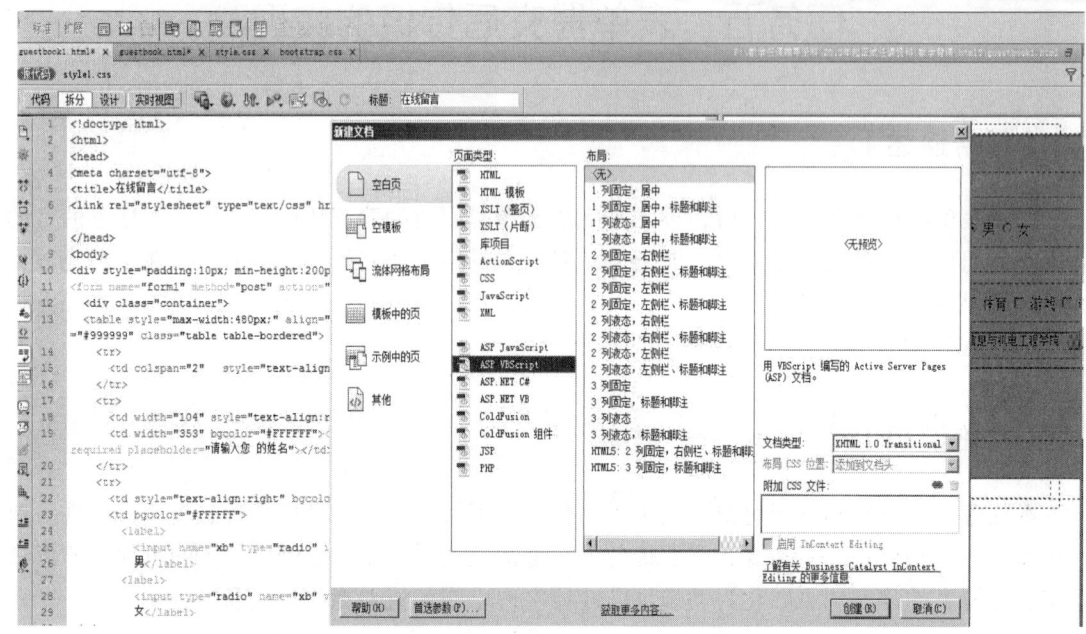

图 8-5-2　新建动态 ASP 网页

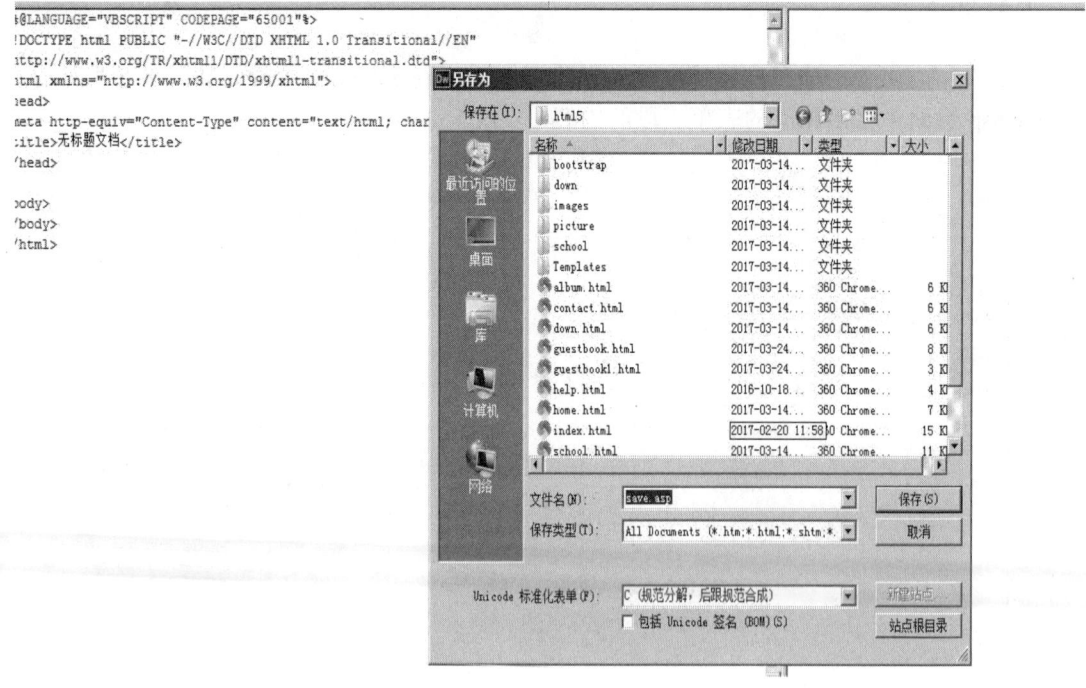

图 8-5-3　保存网页

（3）在网页 body 内使用 ASP 动态输出方法输出 guest.html 网页表单字段提交的内容，方法如图 8-5-4 所示，当输入相应内容点击提交后，输出界面效果如图 8-5-5 所示。

```
<%@LANGUAGE="VBSCRIPT" CODEPAGE="65001"%>
<!DOCTYPE html PUBLIC "-//W3C//DTD XHTML 1.0 Transitional//EN"
"http://www.w3.org/TR/xhtml1/DTD/xhtml1-transitional.dtd">
<html xmlns="http://www.w3.org/1999/xhtml">
<head>
<meta http-equiv="Content-Type" content="text/html; charset=utf-8" />
<title>无标题文档</title>
</head>

<body>
<%= request.Form("xm") %>
<%= request.Form("xb") %>
<%= request.Form("mm") %>
<%= request.Form("xq") %>
<%= request.Form("yx") %>
<%= request.Form("ly") %>
</body>
</html>
```

图 8-5-4　动态显示留言页面字段内容

77男555555体育，游戏信息与机电工程学院7777

图 8-5-5　输出界面效果

（4）对输出结果页面调整格式，使每个输出字段后换行，调整后代码如图 8-5-6 所示，调整后输出界面如图 8-5-7 所示。

```
<%@LANGUAGE="VBSCRIPT" CODEPAGE="65001"%>
<!DOCTYPE html PUBLIC "-//W3C//DTD XHTML 1.0 Transitional//EN"
"http://www.w3.org/TR/xhtml1/DTD/xhtml1-transitional.dtd">
<html xmlns="http://www.w3.org/1999/xhtml">
<head>
<meta http-equiv="Content-Type" content="text/html; charset=utf-8" />
<title>无标题文档</title>
</head>

<body>
<%= request.Form("xm") %>
<br />
<%= request.Form("xb") %><br />
<%= request.Form("mm") %><br />
<%= request.Form("xq") %><br />
<%= request.Form("yx") %><br />
<%= request.Form("ly") %>
</body>
</html>
```

图 8-5-6　调整后代码

```
77
男
555555
体育，游戏
信息与机电工程学院
7777
```

图 8-5-7　调整后输出界面

## 【知识小结】

通过对本任务的学习，读者要学会如何把表单内容提交到另一个页面上去，并能够在另一个页面把对象提交的内容输出。

# 参考文献

[ 1 ] 传智播客高教产品研发部. HTML5+CSS3 网站设计基础教程[M]. 北京：人民邮电出版社，2016.

[ 2 ] 黑马程序员. 网页设计与制作项目教程[M]. 北京：人民邮电出版社，2017.

[ 3 ] 邓强. Web 前端开发实战教程（微课版）[M]. 北京：人民邮电出版社，2017.

[ 4 ] 黑马程序员. 响应式 Web 开发项目教程[M]. 北京：人民邮电出版社，2017.

[ 5 ] 刘春茂. HTML5 网页设计案例课堂[M]. 2 版. 北京：清华大学出版社，2018.

[ 6 ] 周文洁. HTML5 网页前端设计实战[M]. 北京：清华大学出版社，2017.

[ 7 ] 王君学，牟建波. 网页设计与制作[M]. 2 版. 北京：人民邮电出版社，2016.

[ 8 ] 刘玉红，蒲娟. HTML5 网页设计案例课堂[M]. 北京：清华大学出版社，2016.